企业用电能效提升
案例精选

国网浙江省电力有限公司台州供电公司　组编

中国电力出版社
CHINA ELECTRIC POWER PRESS

内 容 提 要

近年来，国网浙江省电力有限公司台州供电公司在工业、农业、建筑业和交通业全面推进电气化、能效提升和节能改造，并积累了丰富的实践经验。

本书梳理了台州地区节能和能效提升技术的推广政策及应用现状，分类介绍了不同领域企业用电的能效提升技术和技术原理，结合相关应用案例，详细阐述了其改造内容、效益分析及推广价值。本书涉及的能效提升技术涵盖工业领域、农业领域、公共建筑领域和交通领域，可为用电企业开展节能改造和能效提升提供参考依据。

本书可供工业企业的管理人员与技术人员，以及各行业节能技术服务中心、专业研究机构的相关人员参考，也可作为相关专业在校师生的参考书。

图书在版编目（CIP）数据

企业用电能效提升案例精选/国网浙江省电力有限公司台州供电公司组编. —北京：中国电力出版社，2024.5
ISBN 978-7-5198-8834-3

Ⅰ.①企⋯ Ⅱ.①国⋯ Ⅲ.①企业—用电管理—节能 Ⅳ.①TM92

中国国家版本馆 CIP 数据核字（2024）第 081728 号

出版发行：中国电力出版社
地　　址：北京市东城区北京站西街 19 号（邮政编码 100005）
网　　址：http://www.cepp.sgcc.com.cn
责任编辑：崔素媛（010-63412392）
责任校对：黄　蓓　张晨荻
装帧设计：张俊霞
责任印制：杨晓东

印　　刷：三河市万龙印装有限公司
版　　次：2024 年 5 月第一版
印　　次：2024 年 5 月北京第一次印刷
开　　本：710 毫米×1000 毫米　16 开本
印　　张：12.75
字　　数：200 千字
定　　价：78.00 元

编 写 组

主　编　罗进圣　茹传红

副主编　罗扬帆　陈　婷　秦　建　蔡清希　陈　鑫

　　　　娄伟明　卢学群　许　丛　杨玉锐　郑昌吉

参　编　陈誉升　金　潇　林　勇　王　振　刘子华

　　　　叶李晨　黎佳慧　黄　伟　钟永康　施金鑫

　　　　贾红晨　陈洋子　吴昱德　翟林顺　汪毅隆

　　　　陶辉敏　单楚乔　高建华　林施鋆　华　栋

　　　　陈鑫华　林家璐　黄已倩　何佳鑫　潘巨斌

　　　　尤　皓　陈　赛　王　君　李灵卫　许宏峰

前言

国务院印发的《2030 年前碳达峰行动方案》，将"节能降碳增效行动""工业领域碳达峰行动""城乡建设碳达峰行动"作为"碳达峰十大行动"重要组成部分，明确指出工业领域、农业领域、公共建筑领域和交通领域都是用能大户，此四个领域的能源利用效率提升和节能改造对全国整体实现碳达峰具有重要影响。为实现以上目标，能效提升技术发展的如火如荼，而相关领域能效提升技术的推广应用也成为重要的发力点。

台州市在《台州市国民经济和社会发展第十四个五年规划和二〇三五年远景目标纲要》中明确提出，要加大节能技术和节能产品推广应用，开展产业能效领跑者行动。为此，国网台州供电公司在工业、农业、建筑和交通领域全面推进电气化、能效提升和节能改造，并积累了丰富的实践经验，为了更好地总结工作、凝练成果、推广经验，特凝练出《企业用电能效提升案例精选》一书，以期为碳达峰碳中和目标的实现提供助力。

本书梳理了近年来台州地区能效提升技术的推广政策及应用现状，分类介绍了不同类型用电企业的能效提升技术，并详细阐述了其技术原理、应用场景及能效提升效果等。本书选取的用电企业能效提升技术具有以下特点。

（1）全部技术均来自于实施案例，适用于各种用能单位和企业。面向不同类型的用能单位组织内容，强调实用性，易于推广。

（2）技术成熟。本书介绍的能效提升技术选自在工业企业有实际应用的技术，并附有企业应用案例、能效提升和节能减排效果。

（3）覆盖能效提升技术的多个领域。本书选取了涉及用电企业能效提升各领域的先进技术，包括工业领域能效提升技术（空压机节能技术、锅炉富氧燃烧节能技术、余能利用能效提升技术、企业能耗智控平台能效提升技术）、农业领域能效提升技术（空气源热泵烘干能效提升技术、物联网温室大棚能效提升技术）、公共建筑领域能效提升技术（楼宇智控节能技术、中央空调系统能效提升技术、智慧照明能效提升技术）以及交通领域电能替代相关的能效提升技术。

本书的出版得到了多个单位和部门的积极支持和热诚帮助：国网台州供电公司、国网台州综合能源服务有限公司、国网台州市临海供电有限公司、国网台州市椒江区供电有限公司、国网台州市温岭市供电有限公司、国网台州市玉环市供电有限公司、国网台州市仙居县供电有限公司、国网台州市路桥区供电有限公司、国网台州市三门县供电有限公司、国网台州市黄岩区供电有限公司、国网嘉兴供电公司、国网嘉兴综合能源服务有限公司、浙江智慧信息产业有限公司、南京工程学院以及江苏和动力电子工程有限公司，以上单位在本书案例编写的过程中给予了大力支持，在此一并对以上单位和部门表示真诚地感谢！

由于作者水平有限，书中若有疏漏不当之处，恳请读者批评指正。

目录

第1章　概述

党的二十大报告中提出："我们要加快发展方式绿色转型，实施全面节约战略，发展绿色低碳产业，倡导绿色消费，推动形成绿色低碳的生产方式和生活方式。""积极稳妥推进碳达峰碳中和，立足我国能源资源禀赋，坚持先立后破，有计划分步骤实施碳达峰行动，深入推进能源革命，加强煤炭清洁高效利用，加快规划建设新型能源体系，积极参与应对气候变化全球治理。"

中国经济经历了三十多年快速发展，温室气体排放也在快速增加，中国已成为世界温室气体排放第一大国。因此，在全球共同进行碳减排的过程中，中国面临更大的压力，需要承担更多的减排责任。2009 年哥本哈根气候变化领导人会议上，中国政府宣布：到 2020 年单位国内生产总值二氧化碳（CO_2）排放比 2005 年下降 40%～45%，并将此作为约束性指标纳入国家"十二五"发展规划。2015 年，中国再次提出到 2030 年单位国内生产总值二氧化碳排放比 2005 年下降 60%～65% 的宏伟目标，同样将其作为约束性指标纳入国家"十三五"发展规划，即 2020 年，单位国内生产总值二氧化碳排放比 2015 年下降 18%，能源消耗量降低 16%。

2021 年 9 月，中共中央、国务院印发《关于完整准确全面贯彻新发展理念做好碳达峰碳中和工作的意见》，把"坚持节约优先"作为重要基本原则，强调要"把节约能源资源放在首位，实行全面节约战略"。毋庸置疑，节能是减少二氧化碳排放的主要途径，是转变经济增长方式的重要抓手，是推动企业低碳发展的有效措施，是实现"碳达峰、碳中和"目标的关键性手段。2021 年 10 月，国务院印发《2030 年前碳达峰行动方案》，将"节能降碳增效行动""工业领域碳达峰行动""城乡建设碳达峰行动"作为"碳达峰十大行动"重要组成部分，明确指出工业、农业和建筑业是产生碳排放的主要领域，工业、农业和公共建

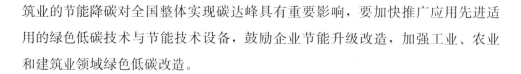

筑业的节能降碳对全国整体实现碳达峰具有重要影响，要加快推广应用先进适用的绿色低碳技术与节能技术设备，鼓励企业节能升级改造，加强工业、农业和建筑业领域绿色低碳改造。

1.1 能源消耗现状

国家统计局发布《中华人民共和国 2020 年国民经济和社会发展统计公报》显示：初步核算，全年能源消费总量 49.8 亿吨标准煤，比上年增长 2.2%。煤炭消费量增长 0.6%，原油消费量增长 3.3%，天然气消费量增长 7.2%，电力消费量增长 3.1%。煤炭消费量占能源消费总量的 56.8%，比上年下降 0.9 个百分点；天然气、水电、核电、风电等清洁能源消费量占能源消费总量的 24.3%，上升 1.0 个百分点。

自 2012 年以来，我国能源消费总量处于低速增长状态，以较低的能源消费增速支撑着经济的中高速发展。2012—2021 年能源消费总量及增速如图 1-1 所示。

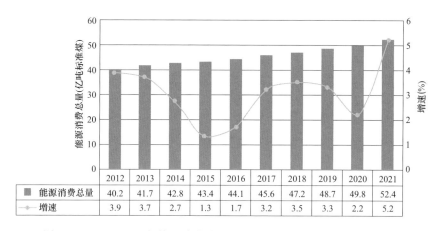

	2012	2013	2014	2015	2016	2017	2018	2019	2020	2021
■ 能源消费总量	40.2	41.7	42.8	43.4	44.1	45.6	47.2	48.7	49.8	52.4
—— 增速	3.9	3.7	2.7	1.3	1.7	3.2	3.5	3.3	2.2	5.2

图 1-1　2012—2021 年能源消费总量及增速（数据来源：国家统计局）

可以看到，2021 年，我国电力消费增长创下自 2012 年来的最高纪录，全社会用电量同比增长 10.3%，达到 8.3 万亿 kW·h；年度用电增量约为"十三五"时期 5 年增量的一半。2021 年，全社会用电量两年平均增长 7.1%。电力消费增速持续高于能源消费增速，我国电气化进程持续推进，预计该趋势在未来将继续维持。国内生产总值、能源消费与电力消费变化趋势基本一致，能源、电力对我国经济发展起到重要支撑作用。2012—2021 年 GDP 增速、能源消费增速、电力消费增速对比如图 1-2 所示。

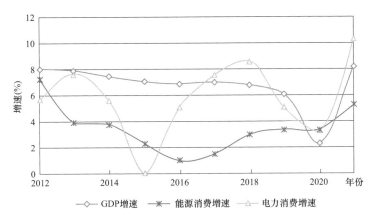

图 1-2 2012—2021 年 GDP 增速、能源消费增速、电力消费增速对比（数据来源：国家统计局）

以浙江省为例，按照行业分类，2020 年工业能源消费总量达到 16741.2 万吨标准煤，农业能源消费总量达到 423.4 万吨标准煤，建筑业（施工阶段）能源消费总量达到 473.2 万吨标准煤，能源消费量占比分别为工业 77%、农业 2%、建筑业 2%。浙江省工业—农业—建筑业能源消费总量如图 1-3 所示。

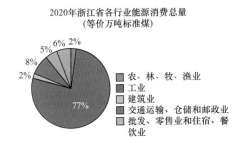

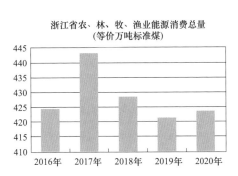

图 1-3 浙江省工业—农业—建筑业能源消费总量（数据来源：浙江省统计局）

由图 1-3 可知，工业领域、农业领域和建筑领域是能源使用和碳排放的主要领域，因此工业节能减碳、建筑节能减碳是助力实现碳达峰、碳中和目标的重要抓手。2022 年 9 月 6 日，习近平总书记在主持召开中央全面深化改革委员会第二十七次会议时也强调，要突出抓好能源、工业、建筑、交通等重点领域资源节约，发挥科技创新支撑作用，促进生产领域节能降碳。

1.2 "双碳"背景下节能技术推广政策与行动

"碳达峰、碳中和"的愿景目标，对我国工业、农业和建筑业提出了低碳绿色发展的高要求。在此背景下，国家出台了明确的指导意见及行动方案，部分省市制定了相应政策，重点行业也开展了应对"碳达峰、碳中和"的相关行动，其中都将推广应用先进适用的节能技术作为实现"碳达峰、碳中和"目标的重要抓手。

1.2.1 国家政策

2021 年 2 月，中共中央、国务院印发的《关于加快建立健全绿色低碳循环发展经济体系的指导意见》指出，"建立健全绿色低碳循环发展的经济体系""实施绿色技术创新攻关行动""拓宽节能环保、清洁能源等领域技术装备和服务合作，及时发布绿色技术推广目录，加快先进成熟技术推广应用"等。2021年 10 月，中共中央、国务院印发的《关于完整准确全面贯彻新发展理念做好碳达峰碳中和工作的意见》指出，"推广先进绿色低碳技术和经验，加快先进适用技术研发和推广""以节能降碳为导向，修订产业结构调整指导目录""持续深化工业等重点领域节能""加快实施节能降碳改造升级，打造能效领跑者"等。2021 年 10 月，国务院印发《2030 年前碳达峰行动方案》，方案提出了"碳达峰十大行动"，在"节能降碳增效行动""工业领域碳达峰行动""城乡建设碳达峰行动"中，提出要全面提升节能管理能力，要实施节能降碳重点工程，推进重点用能设备节能增效，加强新型基础设施节能降碳；针对工业领域碳达峰行动，提出要加快绿色低碳转型和高质量发展；针对城乡建设碳达峰行动，提出要推进城乡建设绿色低碳转型，加快提升建筑能效水平，加快优化建筑用能结构，推进农村建设和用能低碳转型。

《中华人民共和国国民经济和社会发展第十四个五年规划和二〇三五年远景目标纲要》第十一篇中明确指出要"坚持节约优先"，要"推动经济社会发展全面绿色转型"，要"坚持节能优先方针，深化工业、建筑、交通等领域和公共机构节能，推动 5G、大数据中心等新兴领域能效提升，强化重点用能单位节能管理，实施能量系统优化、节能技术改造等重点工程。"

2021 年 10 月，国务院在《2030 年前碳达峰行动方案》（以下简称《方案》）中提出，要在"十四五"期间，大幅提升重点行业能源利用效率，研发和推广应用绿色低碳技术，普遍推行绿色生产生活方式，要求到 2025 年，非化石能源消费比重达到 20% 左右，单位国内生产总值能源消耗比 2020 年下降 13.5%，单位国内生产总值二氧化碳排放比 2020 年下降 18%；"十五五"期间，到 2030 年，非化石能源消费比重达到 25% 左右，单位国内生产总值二氧化碳排放比 2005 年下降 65% 以上。

《方案》提出了节能降碳增效行动，提出要全面提升节能管理能力，要实施节能降碳重点工程，推进重点用能设备节能增效，加强新型基础设施节能降碳；针对工业领域碳达峰行动，提出要加快绿色低碳转型和高质量发展；针对城乡建设碳达峰行动，提出要推进城乡建设绿色低碳转型，加快提升建筑能效水平，加快优化建筑用能结构，推进农村建设和用能低碳转型。

在推动工业领域绿色低碳发展方面：①要优化产业结构，加快退出落后产能，大力发展战略性新兴产业，加快传统产业绿色低碳改造；②要促进工业能源消费低碳化，推动化石能源清洁高效利用，提高可再生能源应用比重，加强电力需求侧管理，提升工业电气化水平；③深入实施绿色制造工程，大力推行绿色设计，完善绿色制造体系，建设绿色工厂和绿色工业园区；④要推进工业领域数字化智能化绿色化融合发展，加强重点行业和领域技术改造。

在加快提升建筑能效水平方面：①要加快更新建筑节能、市政基础设施等标准，提高节能降碳要求。加强适用于不同气候区、不同建筑类型的节能低碳技术研发和推广，推动超低能耗建筑、低碳建筑规模化发展。②要加快推进居住建筑和公共建筑节能改造，持续推动老旧供热管网等市政基础设施节能降碳改造。③要提升城镇建筑和基础设施运行管理智能化水平，加快推广供热计量收费和合同能源管理，逐步开展公共建筑能耗限额管理。到 2025 年，城镇新建建筑全面执行绿色建筑标准。

在推进农村建设和用能低碳转型方面：①要推进绿色农房建设，加快农房节能改造。持续推进农村地区清洁取暖，因地制宜选择适宜取暖方式。②要发展节能低碳农业大棚。推广节能环保灶具、电动农用车辆、节能环保农机和渔船。③要加快生物质能、太阳能等可再生能源在农业生产和农村生活中的应用。④要加强农村电网建设，提升农村用能电气化水平。

2022年3月12日，住房和城乡建设部印发了《"十四五"建筑节能与绿色建筑发展规划》，其中明确提出，到2025年，城镇新建建筑全面建成绿色建筑，建筑能源利用效率稳步提升，建筑用能结构逐步优化，建筑能耗和碳排放增长趋势得到有效控制，基本形成绿色、低碳、循环的建设发展方式，为城乡建设领域2030年前碳达峰奠定坚实基础。规划提出，到2025年，完成既有建筑节能改造面积3.5亿 m² 以上，建设超低能耗、近零能耗建筑 0.5 亿 m² 以上，装配式建筑占当年城镇新建建筑的比例达到30%，全国新增建筑太阳能光伏装机容量 0.5 亿 kW 以上，地热能建筑应用面积1亿 m² 以上，城镇建筑可再生能源替代率达到8%，建筑能耗中电力消费比例超过55%。规划同时明确了"十四五"时期建筑节能与绿色建筑发展9项重点任务——提升绿色建筑发展质量、提高新建建筑节能水平、加强既有建筑节能绿色改造、推动可再生能源应用、实施建筑电气化工程、推广新型绿色建造方式、促进绿色建材推广应用、推进区域建筑能源协同、推动绿色城市建设。具体见表1-1。

表 1-1   "十四五"时期建筑节能与绿色建筑发展重点任务

重点任务	任务内容
提升绿色建筑发展质量	加强高品质绿色建筑建设，完善绿色建筑运行管理制度； 开展绿色建筑创建行动，到2025年，城镇新建建筑全面执行绿色建筑标准，建成一批高质量绿色建筑项目，人民群众体验感、获得感明显增强。同时，开展星级绿色建筑推广计划； 采取"强制+自愿"推广模式，适当提高政府投资公益性建筑、大型公共建筑以及重点功能区内新建建筑中星级绿色建筑建设比例，引导地方制定绿色金融、容积率奖励、优先评奖等政策，支持星级绿色建筑发展
提高新建建筑节能水平	重点推广超低能耗建筑推广工程，到2025年，建设超低能耗、近零能耗建筑示范项目 0.5 亿 m² 以上； 开展高性能门窗推广工程，根据我国门窗技术现状、技术发展方向，提出不同气候地区门窗节能性能提升目标，推动高性能门窗应用，因地制宜增设遮阳设施，提升遮阳设施安全性、适用性、耐久性

重点任务	任务内容
加强既有建筑节能绿色改造	开展既有居住建筑节能改造，力争到 2025 年，全国完成既有居住建筑节能改造面积超过 1 亿 m^2； 推进公共建筑能效提升重点城市建设，"十四五"期间，累计完成既有公共建筑节能改造 2.5 亿 m^2 以上
推动可再生能源应用	开展建筑光伏行动，"十四五"期间，累计新增建筑太阳能光伏装机容量 0.5 亿 kW，逐步完善太阳能光伏建筑应用政策体系、标准体系、技术体系
实施建筑电气化工程	在实施建筑电气化工程方面，要开展建筑用能电力替代行动，到 2025 年，建筑用能中电力消费比例超过 55%； 推进新型建筑电力系统建设，"十四五"期间积极开展新型建筑电力系统建设试点，逐步完善相关政策、技术、标准以及产业生态
推广新型绿色建造方式	要建立 "1＋3" 标准化设计和生产体系，重点解决如何采用标准化部品部件进行集成设计，指导生产单位开展标准化批量生产，逐步降低生产成本，推进新型建筑工业化可持续发展
促进绿色建材推广应用	加大绿色建材产品和关键技术研发投入，鼓励发展性能优良的预制构件和部品部件，显著提高城镇新建建筑中绿色建材应用比例，推广新型功能环保建材产品与配套应用技术
推进区域建筑能源协同	以城市新区、功能园区、校园园区等各类园区及公共建筑群为对象，推广区域建筑虚拟电厂建设试点，提高建筑用电效率，降低用电成本
推动绿色城市建设	开展绿色低碳城市建设，树立建筑绿色低碳发展标杆； 结合建筑节能与绿色建筑工作情况，制定绿色低碳城市建设实施方案和绿色建筑专项规划，明确绿色低碳城市发展目标和主要任务，确定新建民用建筑的绿色建筑等级及布局要求； 推动开展绿色低碳城区建设，实现高星级绿色建筑规模化发展，推动超低能耗建筑、零碳建筑、既有建筑节能及绿色化改造、可再生能源建筑应用、装配式建筑、区域建筑能效提升等项目落地实施，全面提升建筑节能与绿色建筑发展水平

1.2.2 地方政策

1. 浙江省地方政策

《浙江省国民经济和社会发展第十四个五年规划和二〇三五年远景目标纲要》，是根据《中共中央关于制定国民经济和社会发展第十四个五年规划和二〇三五年远景目标的建议》和《中共浙江省委关于制定国民经济和社会发展第十四个五年规划和二〇三五年远景目标的建议》制定，其中明确指出：浙江省要在"十四五"全过程推动绿色低碳循环可持续发展，要"全面开展能效创新引领行动，建立重点行业和项目能效准入标准。完善区域能评＋产业能效技术标准机制，严格控制高耗能项目新增规模，加快推进重点用能领域和重点用能单位节能管理，严格执行高耗能行业产能和能耗等量减量替代制度。发展壮大节能服务业，推进用能权市场化交易。"浙江省的碳达峰行动主要包括调整能源结构、推进产业低碳、推广生活低碳、优化建筑用能、发展绿色交通等，具体见表 1-2。

表 1-2 浙江省"十四五"二氧化碳排放达峰行动

碳达峰行动	具体内容
调整能源结构	完善能源消费"双控"制度，合理控制煤炭消费，提高非化石能源占比，构建清洁低碳安全高效的能源体系
推进产业低碳	压减过剩和淘汰落后产能，推进重点行业和企业节能改造升级，推进绿色制造，推广低碳技术应用
推广生活低碳	开展绿色生活创建行动，引导绿色消费，推广绿色产品，实施碳普惠，开展"零碳"政府机关、"零碳"会议等碳中和实践
优化建筑用能	发展绿色建筑，推广可再生能源建筑应用，实施公共建筑节能改造，开展建筑低碳化运营和能耗监管，强化既有建筑能效提升
发展绿色交通	优化交通运输方式，完善绿色低碳综合交通体系建设，推进交通运输行业节能减排，提升公共交通出行分担率，推广新能源和清洁能源汽车

（1）三步目标。2021 年 12 月 23 日，浙江省在《中共浙江省委浙江省人民政府关于完整准确全面贯彻新发展理念做好碳达峰碳中和工作的实施意见》中提出三步目标。

1）到 2025 年，绿色低碳循环发展的经济体系基本形成，重点地区和行业能源利用效率大幅提升，部分领域和行业率先达峰，双碳数智平台建成应用。单位 GDP 能耗、单位 GDP 二氧化碳排放降低率均完成国家下达目标；非化石能源消费比重达到 24% 左右；森林覆盖率达到 61.5%，森林蓄积量达到 4.45 亿 m^3，全省碳达峰基础逐步夯实。

2）到 2030 年，经济社会发展全面绿色转型取得显著成效，重点耗能行业能源利用效率达到国际先进水平，二氧化碳排放总量控制制度基本建立。单位 GDP 能耗大幅下降；单位 GDP 二氧化碳排放比 2005 年下降 65% 以上；非化石能源消费比重达到 30% 左右，风电、太阳能发电总装机容量达到 5400 万 kW 以上；森林覆盖率稳定在 65% 左右，森林蓄积量达到 5.15 亿 m^3 左右，零碳负碳技术创新及产业发展取得积极进展，二氧化碳排放达到峰值后稳中有降。

3）到 2060 年，绿色低碳循环经济体系、清洁低碳安全高效能源体系和碳中和长效机制全面建立，整体能源利用效率达到国际先进水平，零碳负碳技术广泛应用，非化石能源消费比重达到 80% 以上，甲烷等非二氧化碳温室气体排放得到有效管控，碳中和目标顺利实现，开创人与自然和谐共生的现代化浙江新境界。

（2）构建绿色低碳的现代能源体系。

1）深入实施能源消费强度和总量双控。严格控制能耗强度、二氧化碳排放强度，合理控制能源消费总量，落实新增可再生能源和原料用能不纳入能源消费总量控制要求，积极推动能耗"双控"向碳排放总量和强度"双控"转变。加强发展规划、区域布局、产业结构、重大项目与碳排放、能耗"双控"政策要求的衔接。修订完善节能政策法规体系，严格实施节能审查，强化节能监察和执法。全面推行用能预算化管理，加强能源消费监测预警。

2）大力推进能效提升。开展能效创新引领专项行动，持续深化工业、建筑、交通、公共机构、商贸流通、农业农村等重点领域节能，提升数据中心、第五代移动通信网络等新型基础设施能效水平。实施重大平台区域能评升级版，全面实行"区域能评＋产业能效技术标准"准入机制。组织开展节能诊断服务，推进工业节能降碳技术改造，打造能效领跑者。

3）推进建筑全过程绿色化。

① 提升新建建筑绿色化水平。修订公共建筑和居住建筑节能设计标准。在城乡建设各环节全面践行绿色低碳理念，大力推进零碳未来社区建设。适度控制城市现代商业综合体等大型商业建筑建设。推进绿色建造行动，大力发展钢结构等装配式建筑。完善星级绿色建筑标识制度，建设大型建筑能耗在线监测和统计分析平台。全面推广绿色低碳建材，推动建筑材料循环利用。

② 推动既有建筑节能低碳改造。开展能效提升行动，有序推进节能改造和设备更新。加强低碳运营管理，改进优化节能降碳控制策略。推进建筑能耗统计、能源审计和能效公示，探索开展碳排放统计、碳审计和碳效公示。完善建筑改造标准，逐步实施建筑能耗限额、碳排放限额管理。加强建筑用能智慧化管理，推进智慧用能园区建设。

③ 加强可再生能源建筑应用。提高建筑可再生能源利用比例，发展建筑一体化光伏发电系统，因地制宜推广地源热泵供热制冷、生物质能利用技术，加强空气源热泵热水等其他可再生能源系统应用。结合未来社区建设，大力推广绿色低碳生态城区、高星级绿色低碳建筑、超低能耗建筑。

2. 台州市地方政策

台州市在《台州市国民经济和社会发展第十四个五年规划和二〇三五年远

景目标纲要》（台政发〔2021〕14号）中明确提出，要深入践行"绿水青山就是金山银山"理念，全面推进新时代美丽台州建设，持续推进大花园行动，融入浙江新时代"富春山居图"，推动经济社会发展全面绿色低碳转型，建设人与自然和谐共生的现代化。要在"十四五"期间：①推进《台州市气候资源保护和利用条例》立法；②推行生产者责任延伸制度，推广使用再生产品和再生原料，提高能源利用效率；③完善能源消费总量和强度双控制度，强化约束性指标管理，加强工业、建筑、交通、公共机构等重点领域节能，推进煤炭清洁高效利用；④推行合同能源管理，推进园区能源替代利用与资源共享；⑤完善清洁生产审核管理制度，开展节能改造，严格落实节能审查制度，推进区域能评和区域能耗标准改革，提高新上项目能效水平，深化能源要素市场化改革；⑥加大节能技术和节能产品推广应用，开展产业能效领跑者行动。

3. 其他省市地方政策

为实现碳达峰碳中和的目标，各重点省市都将节能技术装备研发与推广应用作为产业结构绿色转型、区域节能降碳与绿色发展的重要措施，主要表现在：①将节能技术装备攻关作为科技支撑碳达峰碳中和的关键举措；②采用先进适用的节能技术装备，对重点高耗能行业进行节能技术改造。

各省市地方"双碳"政策及节能技术装备推广要点汇总见表1-3。

表1-3　　　　其他地方"双碳"政策及节能技术推广要点汇总

省市	政策（时间）	主要节能内容及政策
北京市	《北京市关于进一步完善市场导向的绿色技术创新体系若干措施》（2021年9月）	1. 建立创新型绿色技术目录清单机制； 2. 支持创新型绿色技术示范应用项目建设； 3. 对于节能技术改造等项目给予资金补助及奖励
天津市	《天津市国民经济和社会发展第十四个五年规划和二〇三五年远景目标纲要》（2021年2月）	1. 推动产业园区实施循环化、节能低碳化改造； 2. 加快重点用能单位节能管理，加快推进能耗在线监测系统建设与数据应用； 3. 加快推动市场导向的绿色技术创新，发展壮大节能环保、清洁能源等绿色产业
河北省	《河北省"十四五"循环经济发展规划》（2021年8月）	1. 全面开展企业节能改造，积极利用余热余压资源，推行热电联产、分布式能源区光伏储能一体化系统应用，实现园区低碳发展； 2. 推动石化、焦化、水泥等重点行业"一行一策"制定清洁生产改造提升计划

续表

省市	政策（时间）	主要节能内容及政策
内蒙古自治区	《内蒙古自治区"十四五"生态环境保护规划》（2021年9月）	1. 开展重点领域绿色技术研发和示范； 2. 支持重点绿色技术创新成果转化应用； 3. 加快推广应用减污降碳技术
上海市	《节能减排和应对气候变化重点工作安排》（2021年6月）	1. 开展重点高耗能行业节能技术改造等行动； 2. 实施数据中心、冷却塔、冷库能效提升重点工程
江苏省	《江苏省生态环境厅2021年推动碳达峰碳中和工作计划》（2021年5月）	1. 加快推动产业结构、能源结构优化； 2. 攻克一批低碳零碳负碳技术
浙江省	《浙江省碳达峰碳中和科技创新行动方案》（2021年6月）	1. 大力提高节能降碳关键核心技术研发能力； 2. 积极推广可再生能源、储能、氢能、CCUS（碳捕集、利用与封存）、生态碳汇等关键核心技术
山东省	《山东省工业和信息化领域循环经济"十四五"发展规划》（2021年9月）	1. 发展节能锅炉、高效内燃机及余热余压利用技术和装备，提升节能电机及拖动设备技术水平，发展高效节能电器及照明设备； 2. 加快突破一批原创性、引领性绿色低碳技术； 3. 以绿色低碳技术创新和应用为重点，培育和推广绿色产品，大力发展节能环保等绿色低碳产业
河南省	《关于实施重点用能单位节能降碳改造三年行动计划的通知》（2021年8月）	1. 重点实施高耗能设备改造、能量系统优化、余热余压回收利用等节能改造，推广应用节能新材料及新技术方案； 2. 重点实施煤炭消费减量、清洁能源替代、生产过程降碳改造等； 3. 重点实施原料清洁替代、生产过程"三废"无害化处置、废物资源化利用等减污协同增效改造
湖南省	《湖南省"十四五"生态环境保护规划》（2021年9月）	1. 推动产业结构绿色转型，加快建设绿色制造体系； 2. 突破一批先进储能、碳捕集利用封存等关键技术； 3. 推动能源结构持续优化，推进火电燃煤机组升级改造
陕西省	《陕西省"十四五"生态环境保护规划》（2021年9月）	1. 开展钢铁、建材、石化等行业全流程清洁化、循环化、低碳化改造； 2. 实施电力、钢铁，建材等重点行业领域减污降碳协调治理； 3. 推动重点行业有序开展超低排放改造
深圳市	《深圳市工业和信息化局支持绿色发展促进工业"碳达峰"扶持计划操作规程》（2021年7月）	对实施电机、变压器等重点用能设备的能效改造提升等节能减排效果较明显的示范项目进行直接资助

第2章 工业领域能效提升技术

2.1 空压机节能技术及案例分享

2.1.1 背景介绍

压缩空气是工业领域中应用最广泛的动力源之一，由于其具有安全、无公害、调节性能好、输送方便等诸多优点，使得其在现代工业领域中应用广泛。空压机主要应用领域见表2-1。

表 2-1　　　　　　　　　　　　空压机主要应用领域

工业应用	应用案例
制衣	输送、夹紧、工具驱动、控制和执行机构、自动化设备
汽车	工具动力、冲压、控制和执行机构、成型、输送
化工	输送、控制和执行机构
食品	脱水、装瓶、控制和执行机构、输送、喷涂图层、清洁、真空包装
家具	空气活塞动力、工具驱动、夹紧、喷涂、控制和执行机构
伐木与木材	夹紧、冲压、工具驱动和清洗、控制和执行机构
金属制造	装配站动力、工具动力、控制和执行机构、注射成型、喷涂
石油	过程气体压缩、控制和执行机构
一次金属	真空熔炼、控制和执行机构、提升
纸浆和造纸	输送、控制和执行机构

要得到品质优良的压缩空气需要消耗大量能源，在大多数生产型企业中，压缩空气的能源消耗占全部电力消耗的10%~35%。

据国家能源部门统计，2019年国内年耗电量达7.2万亿kW·h，电机设备的总用电量为3.28万亿kW·h，空气压缩机的用电为4500亿kW·h，占全国电机总用电量的 13.7% 左右。

2.1.2 能效提升技术原理

1. 空压机分类及能耗特点

空压机种类较多，根据目前国内市场占有情况，主要的应用类型包括喷油螺杆空压机、无油螺杆空压机及离心式空压机等。

（1）喷油螺杆空压机。喷油螺杆空压机是目前市场上占有率较高的一种空压机类型。在进排气系统中，空气经过进气过滤器滤去尘埃、杂质之后，进入空压机的吸气口，并在压缩过程中与喷入的润滑油混合。经压缩后的油气混合物被排入油气分离桶中，经一、二次油气分离，再经过最小压力阀、后部冷却器和气水分离器被送入使用系统。喷油螺杆空压机工作原理如图 2-1 所示。

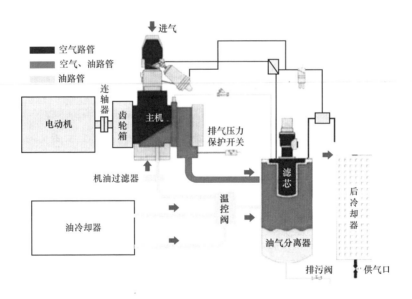

图 2-1 喷油螺杆空压机工作原理

喷油式螺杆空压机能效等级分为 1、2、3 共 3 个等级，每两个能效等级之间能效相差 12% 左右，功率范围为 7.5～355kW，流量范围为 0.7～73m³/min。喷油螺杆空压机具有安装体积小，且结构紧凑，安装费用和维护成本较低等特点，被广泛应用于炼油、石化、气体分离、电力、环保等领域。

（2）无油螺杆空压机。无油螺杆空压机通过两级螺杆转子压缩空气，通过水气分离器去除压缩后空气中的含水分。同时因为无喷油冷却，一般配置了预冷却器、中间冷却器、后冷却器对压缩空气降温，达到规定要求的排气温度。无油螺杆空压机工作原理如图 2-2 所示。

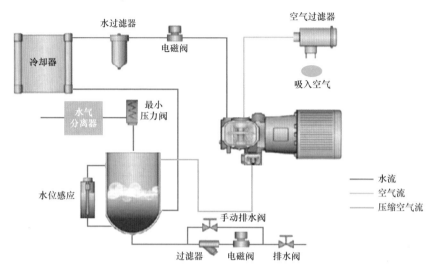

图 2-2　无油螺杆空压机工作原理

　　无油螺杆空压机功率范围为 45～250kW 之间，流量范围为 7.2～44m³/min。螺杆机直径越大，则效率越高。无油螺杆空压机具有压缩空气质量高，无污染等特点，适用于食品、医疗等行业。

　　（3）离心式空压机。离心式空压机依靠动能的变化提高气体的压力。当带叶片的转子（即工作轮）转动时，叶片带动气体转动，把功传递给气体，使气体获得动能。进入定子部分后，因定子的扩压作用速度能转换成所需的压力能，速度降低，压力升高，同时利用定子部分的导向作用进入下一级叶轮继续升压，最后由蜗壳排出。此外离心压缩机出来高温高压的气体通过中冷器和后冷却器冷却，润滑油则通过油冷却器冷却。离心式空压机工作原理如图 2-3 所示。

　　离心式空压机功率范围为 200～3150kW，流量范围为 80～600m³/min。通常离心式空压机的设计点是机组的最高效率点，当进气流量小于设计点时，将导致喘振的发生，机组效率逐渐下降。当进气流量大于设计点时，空压机会逐渐达到堵塞状态，能量损失也会增大。因此尽量使机组在高效区运行，避免机组运行在喘振区。离心式空压机具有输出功率高，供气流量稳定，压缩空气质量高等特点，主要用于钢铁、石油化学、造船、电力及汽车等具有大规模生产基地的行业。

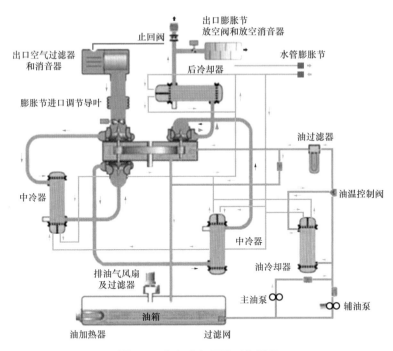

图 2-3　离心式空压机工作原理

2. 空压机关键节能技术

在众多工业设施中，空气压缩机相较其他类型的设备通常需要消耗大量的电能，且压缩空气系统的效率往往非常低下。70％～90％的压缩空气是以热量、摩擦、误用及噪声的形式丢失，而未被得到有效利用，只有 10％～30％的能量得到了有效使用，压缩空气系统能耗使用情况如图 2-4 所示。因此，提高压缩机和压缩空气系统的效率是提升工厂能效的重要途径。

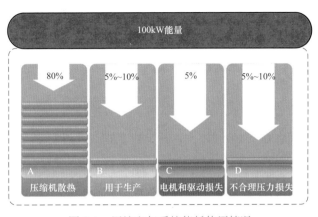

图 2-4　压缩空气系统能耗使用情况

当前，针对空压机系统的节能手段有很多，根据工厂用能侧的需求不同，企业根据自身生产工艺需求选取合适的节能改造方法。目前已广泛推广应用且投资回报率较高的技术路线有如下几种。

（1）控制技术（采用空压机专用控制器＋变频器控制）。空压机最主要的能量浪费为卸载能耗（工频机），卸载时电机空转，不产气。另外工频空压机在部分负荷运行时，还容易出现频繁的加载、卸载循环交替过程，不仅浪费了能耗，还影响使用寿命。因此，对于中低负载的空压机进行变频改造，可大大削减卸载时间，减少卸载电耗。采用先进的矢量控制技术，考虑整个系统的压力和容积，准确获得压缩空气的需求量。将空压机的供应与需求相匹配，结合 PID 算法，寻求空压机系统最优化运行。

（2）优化后处理设备。运用零气耗压缩再生吸附式干燥机替换传统的冷冻干燥机和微热吸附干燥机。零气耗压缩再生吸附式干燥机与空压机排气温度相匹配，完全利用空压机余热再生，没有加热器及鼓风机的功耗，其能耗是传统冷冻干燥机能耗的 0.6%，改造节能率可达 95.5%。

（3）减少气体的泄漏。管网泄漏在老旧的管网中普遍存在。普通的碳钢管道压损较大，且随着年头的增多，泄漏损耗不断增大。新型的铝合金快速管道，具有阻力小、耐腐蚀、无焊缝不易泄漏等特点，在节能改造过程中采用铝合金快速管道替代老旧的碳钢管道，可取得显著防泄漏效果。同时也需要定期排查配气系统的每个分支，包括用气末端设备，及时做好泄漏修复和过滤器清洁工作。

（4）优化空气管网结构。对管网配置进行优化，使得供气压力与系统中用气设备的需求压力匹配。通常可采用高低压供气管道分离、对耗气量分配进行实时监管、对接头处的压损进行改进以及对易泄漏点进行日常定点检查和定期维保等方式来降低管网损耗。

（5）采用智能管理系统。应用物联网及大数据技术，实现设备状态采集和集中监控，是现代企业管理手段一个很好的方式。通过对多台空压机集中联动控制、后处理设备设施联动控制、供气系统流量监控、供气压力的监控及供气温度的监控等方式可避免多台空压机参数设置时造成的阶梯排气压力上升，造成输出空气能源浪费并提高设备运行可靠性。

以 2019 年国内各空气压缩机年耗电量为例，能源浪费巨大，空压机系统用能汇总如图 2-5 所示。若将该部分能源回收再利用其中 40％热能，则一年可节电 1800 亿 kW·h，折合标准煤 7200 万 t，减少二氧化碳 17946 万 t，如果利用余热替代天然气，可减少二氧化硫排放 546 万 t，减少氮氧化物 270 万 t。

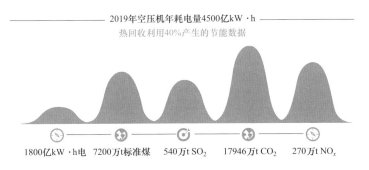

图 2-5 空压机系统用能汇总

空压机系统的使用几乎遍布各个行业，空压机的节能改造技术具有非常大的节能潜力和经济效益，是一项非常值得在工业企业中推广的项目。企业在进行技术改造时，通过投资回收期等经济性数据进行测试对比分析，选择符合企业实际情况的节能方案。其投资回报周期最短。

空压机系统各节能技术路线节能潜力及投资回报，空压机系统节能潜力如图 2-6 所示。

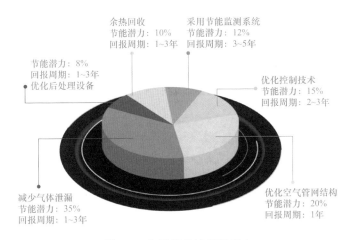

图 2-6 空压机系统节能潜力

3. 空压机余热回收关键技术

由空压机工作原理可知，空压机运行中会产生大量的热量，并通过冷却器排出。在空压机后冷却器前添加热交换装置，使冷却油在进入冷却器前，首先和软化循环水进行热量交换后再流进原有的散热系统。可以将空压机压缩空气产生的巨大热量回收利用，余热回收系统将大大减少能源的消耗，节约成本。

（1）喷油式空压机余热回收系统。喷油式空压机余热回收系统回收的热量主要来源于高温油。通过对油气分离器出油管路进行改造，将高温高压油气混合物中的高温油引入到热交换器中，热交换器旁通阀实时对进入热交换器和旁通管的油量进行分配，从而保证回油温度不低于空压机回油保护温度。喷油式空压机余热回收流程如图 2-7 所示。

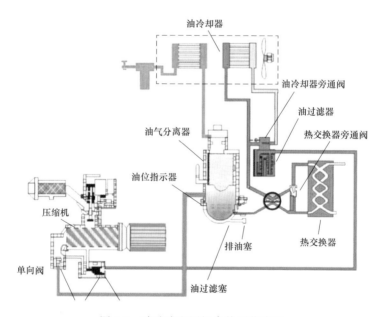

图 2-7　喷油式空压机余热回收流程

对于喷油螺杆压缩机，其主机出油温度一般可以达到 90～105℃，回油温度（即经过冷却后）一般控制在 65～75℃。热交换器中的循环水通过与高温油进行热交换后，可用于生活热水、空调采暖、锅炉进水预热及工艺用热水等。

（2）无油空压机余热回收系统。无油式空压机余热回收系统回收的热量主要来源于高温冷却水。通过在空压机冷却水出水管路上加装二次泵以引导高温冷却水进入水源热泵热交换机，通过实现高温冷却水与余热回收的软水进行热交换。在冷却塔的入口和出口管道上加装了处于常闭状态的控制阀门，通过温度响应控制阀门启闭，将降温后的冷却水重新送回空压机降温系统，将升温后的软水送入余热回收系统，无油式空压机余热回收流程如图 2-8 所示。经过余热回收改造，用能单位可获得生产和生活所需的热水，冬季可加热到≥55℃，夏秋季节可加热到≥65℃，从而解决了企业生产热水的经济负担。

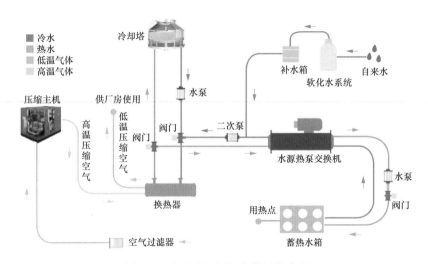

图 2-8　无油式空压机余热回收流程

（3）离心式空压机余热回收系统。离心式空压机分为三级压缩，一二级压缩空气由于受到出口温度和压力的影响，无法回收利用。余热回收系统回收的热量主要来源于第三级的高温压缩空气。第三级的高温压缩空气一般在130℃左右，通过热媒水循环与第三级的高温压缩空气进行换热，使热媒水温度加热至85℃以上。再利用热媒水循环系统中的板式换热器与余热回收的软水进行热交换，从而使软水达到 60～65℃。与板式换热器换热后的热媒水，若温度降到合适的温度，再通过能量回收装置中的板式换热器进行二次热交换以保证离心机正常运行，离心式空压机余热回收流程如图 2-9 所示。

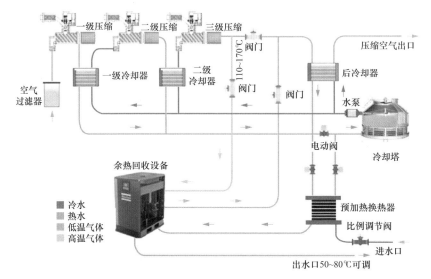

图 2-9　离心式空压机余热回收流程

2.1.3　台州临海吉利汽车制造基地空压站云智控节能管理系统改造案例

1. 项目概况

台州临海吉利汽车是台州市龙头支柱企业之一，总占地面积 1436 亩，建成集冲压、焊接、涂装、总装四大工艺齐全，是世界一流、国内领先的汽车整车生产基地，目前已成为一家年产 30 万台整车的生产能力、年销售收入超 300 亿元的现代汽车生产园区，如图 2-10 所示。

图 2-10　台州临海吉利汽车制造基地

园区变压器总安装容量 32000kVA，年用电量可达 8000 万 kW·h，电能消费占总能耗的比重为 55%。园区内配有一座空压机站房，共 3 台 662kW 的英格索兰离心机和 2 台 250kW 的英格索兰螺杆变频机。3 台离心机的最低负载时间占总加载时间的比率分别为 52.8%、69.71%、69.82%；离心机最低负载时间占总运行时间的比率平均值为 64.11%；离心机的开机时间整体偏大，大多时间处于最小负载状态。

针对以上空压站房现状，本项目运用云服务、边缘计算和物联网技术，实现空压站房数字化、设备智能化控制，提升整站智能化水平，降低设备故障率，保证压缩空气质量、提高设备运行效率。

2. 改造内容

本项目通过"云智控"节能管理系统，实现空压站房数字化、设备智能化控制，企业生产用气需求自动完成匹配，企业能效得到进一步提升。

（1）空压站房数字化。空压机、后处理设备（冷干机、吸干机）、附属设备（水冷系统、余热回收系统等）、传感器数据（母管压力、母管流量、露点、末端压力等），实时传输监控数据至云端服务器，并接受云端的 AI 计算结果。根据 AI 专家级诊断月报：包含站房能耗等级评定、气电单耗对比、加载率、设备故障分析等，全面了解站房空压机运行状态及改善点。系统监控画面（空压站数字化驾驶舱）如图 2-11 所示。

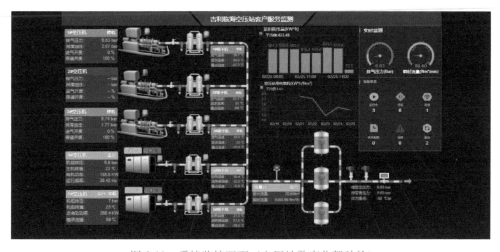

图 2-11　系统监控画面（空压站数字化驾驶舱）

（2）智能化控制。

1）空压机设备智能控制机制。具体包括：①优化开机逻辑，智能匹配每组开机数量及工/变频配置；②自主调机，减少设备虚开；③末端保压控制，设定末端最低压力，确保末端用气压力；④根据用气工况调节设备，根据用气变化，自动卸载/加载设备数量；⑤均衡设备的运行时间，运行时间长的先停，运行时间短的先启。

2）冷干机及阀门智能控制机制。具体包括：①支持计划开关机，系统支持自定义启停时间，按照计划时间开启和关闭设备；②根据管网结构，支持与空压机联动控制和固定数量运行控制，复杂管网结构支持自定义控制机制；③支持联动反锁机制，当冷干机出现异常时，对空压机进行停机锁定；④固定数量运行时，支持设备轮换，故障切换等功能。

3）循环水智能控制机制。具体包括：①可通过 IO 模块监测循环水泵及散热风机运行状态，并实现远程启停控制；②监控压力及温度传感器，监测进出水温度及压力，并提供超温及低压报警提醒；③故障切换水泵，当监测到水泵异常停机时，自动切换备用水泵运行。

4）干燥机控制方案。采用通信控制，可实现设备远程启停，并监测其运行状态和故障状态，提供故障信息提醒。

5）智能化算法节能。多参数，多约束条件的能耗控制模型与 AI 技术相结合，为站房提供最优化的算法节能。算法模型采用母管压力与流量数据，根据供需模型触发调节。通过对比各设备实际排气量，总运行时间，启停加卸载频次等因素进行综合决策。保证供需平衡，实现按需供给。不断降低供需差异导致的卸载放空以及压力波动的能耗浪费。

3. 效益分析

现场常开逻辑为 2 台离心机，1 台螺杆机，年度预估耗电量为 7379790kW·h。"空压站"升级为"云智控节能管理系统"后，以数字化为驱动力，实现智能化决策和控制，根据企业生产需求自动完成供需匹配，实时分析、判断、调整供气能力，提升精细化管理效率，降低能耗浪费。

（1）节能点 1。优化整网压力带，常压情况下，压力每下降 1Bar 可实现 7% 节能，目前预估优化压力带 0.3Bar；节能率 $0.3×7\%=2.1\%$。

年节能数额为 $7379790×2.1\%=154975.6(kW·h)$。

年节省费用为 $154975.6×0.8=123980(元)$。

（2）节能点 2。利用系统智能调机，确保螺杆变频机高频运行，螺杆工频机额定功率 250kW，电机服务系数 1.15，运行频率在频率范围的 50% 左右，加载率 99% 及以上（改造前加载率为 49.15%），卸载功率为正常运行功率的 40%。

消除卸载可节省的能耗为 $250×1.15×0.4×(100\%-49.15\%)×330×24×$

$50\%=231570(\mathrm{kW\cdot h})$，其中 330 为年运行天数。

年节省费用为 $231570\times0.8=185256$（元）。

则两项年总可实现节能 $154975.6+231570=386545(\mathrm{kW\cdot h})$。

年节省费用为 $386545\times0.8=309236$（元）。

4. 项目亮点及推广价值

空压机智能改造，一方面从多个角度实现了设备高效运行，节省运行费用；另一方面，由于需要对各个设备运行达到最佳状态，设备的寿命也得到了一定的增加。此外，通过智能化运行各设备，实时掌控各个设备运行状态，将其实现自动控制，对于整体掌控有了更好的抓手，节约了大量人力资源，减少劳动成本。

2.1.4　浙江水晶光电科技股份有限公司离心式空压机系统改造案例

1. 项目概况

浙江水晶光电科技股份有限公司位于浙江省台州市椒江区，其全貌如图 2-12 所示。

图 2-12　浙江水晶光电科技股份有限公司全貌

该公司主要从事光学元器件制造业务，用地面积 300 亩，职工人数 4138 人。企业全年用电量 13209 万 $\mathrm{kW\cdot h}$，总能耗 16326t 标准煤。在各种类型余热回收后，生产用天然气 $45\mathrm{m}^3$。电费占用能成本比例为 100%。

全厂目前有螺杆式空压机型号 GA55 9 台、GA160 2 台，用于生产厂房全时供气。为响应节能减排号召，完成对空压机改造，即利用 1 台离心式空压机替换原 11 台螺杆式空压机并增加余热回收改造。改造需求如下。

（1）利用高效率的离心式空压机取代原有的螺杆空压机组，主机效率更加高效节能。

（2）利用离心机组的高排气温度进行余热的利用产生的热量进行后处理设备的升级改造节能。

（3）同时利用离心机组的一级和二级的热能产生较高的经济效益。

2. 改造内容

根据用户空压机的配置以及空压机运行负荷情况，我们提出的方案是将原有的 11 台螺杆式空压机（总装机额定功率 815kW）替换为一台离心式空压机（额定功率 620kW）。并对后处理设备进行相应的升级。

空压机系统改造内容如图 2-13 所示。

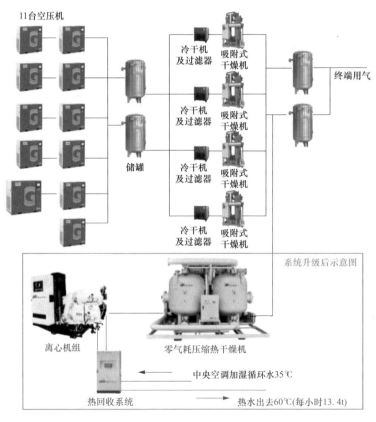

图 2-13　空压机系统改造内容

3. 效益分析

（1）节能点 1。主机更换节能，主机改造效益见表 2-2。

表 2-2　主机改造效益

空压机名称	合计装机功率及数量	名义比功率	流量 120m³/min 年运行 8000h
螺杆式空压机（改造前）	55kW 9 台 160kW 2 台 工作电压 380V 合计装机功率 815kW 合计流量 120m³/min	6.2kW/m³/min	年耗电量为 $6.2 \times 120 \times 8000 \times 1.1 \approx$ 654.7（万 kW·h）
离心式空压机（改造后）	C700 离心机 1 台 工作电压 10kV 合计装机功率 620kW 合计流量 120m³/min	5.17kW/m³/min	年耗电量为 $5.17 \times 120 \times 8000 \times 1.05 \approx$ 520（万 kW·h）

综合节能 654.7－520＝134.7（万 kW·h）
节约电费 134.7×0.8＝107.76（万元）

（2）节能点 2。后处理设备升级改造，改造效益见表 2-3。

表 2-3　后处理设备改造效益表

后处理名称	116m³/min 功率及数量	名义功率	气量损耗	流量 120m³/min 年运行 8000h 节能
冷冻干燥机＋微热吸附干燥机（改造前）	压力露点－40℃ 冷干机功率 19kW 微热吸附干燥机 40kW	59kW	气损 8% 116×8%＝9.2 9.2×6.2≈57（kW）	年耗电量为 （59＋57）×8000 ≈92.8 万 kW·h
零气耗压缩热再生吸附干燥机（改造后）	C700 离心机 1 台 工作电压 10kV 合计装机功率 620kW 合计流量 120m³/min	实际运行功率 1kW	气损 0%	年耗电量为 $1 \times 8000 \approx 0.8$（万 kW·h）

综合节能 92.8－0.8＝92（万 kW·h）
节约电费 92×0.8＝73.6（万元）

（3）节能点 3。余热回收改造，回收热量用于恒温恒湿车间循环水加热，供热不足部分由空气源热泵补足。改造效益见表 2-4。

表 2-4 余热回收改造效益

月份	当月天数/天	主机功率（回收效率64%）/kW	热水参数		可回收热水/(m³/天)	节约天然气量/(Nm³/月)	天然气价格/(元/Nm³)	节能费用/(元/月)
			补充水温度/℃	出水温度/℃				
1	31	396.8	7	22	545	29512.00	5.00	147560.00
2	28	396.8	8	23	545	26656.00	5.00	133280.00
3	31	396.8	10	25	545	29512.00	5.00	147560.00
4	30	396.8	15	30	545	28560.00	5.00	142800.00
5	31	396.8	21	36	545	29512.00	5.00	147560.00
6	30	396.8	25	40	545	28560.00	5.00	142800.00
7	31	396.8	26	41	545	29512.00	5.00	147560.00
8	31	396.8	26	41	545	29512.00	5.00	147560.00
9	30	396.8	25	40	545	28560.00	5.00	142800.00
10	31	396.8	21	36	545	29512.00	5.00	147560.00
11	30	396.8	15	30	545	28560.00	5.00	142800.00
12	31	396.8	10	25	545	29512.00	5.00	147560.00
合计	365					347480.00		1737400.00

综上所述，本项目采用三项节能改造技术，分别为主机更换节能改造技术、后处理设备升级改造技术和余热回收改造技术，分别节约费用 108 万元、74 万元和 174 万元，共节约费用 356 万元，节能效果明显。

4. 项目亮点及推广价值

随着社会发展，新产品和新技术快速发展，空压机在自身能效提升方面得到快速发展，本项目采用主机更换节能技术，年节能费用可达到 108 万元，节能量巨大。同时空压机后处理设备由于老化等原因，能效提升潜力很大，年节约费用 74 万元。余热回收更是改造中的重点部分，采用余热回收一方面可年节约费用 174 万元，另一方面更是减少了大量的对环境的热污染，对于节能减排的推广具有重要意义。

2.1.5　富岭科技股份有限公司空压机系统改造案例

1. 项目概况

富岭科技股份有限公司位于台州市东部新区，专业生产环保餐饮具，如图 2-14 所示。

图 2-14　富岭科技股份有限公司

该公司企业用地面积 419.39 亩（其中东部新区 374 亩），已投入使用 228.21 亩；职工人数约 2000 人，变压器安装容量 21100kVA。企业全年用电量 8095.47 万 kW·h，总能耗 9949.33t 标准煤。电能消费占总能耗的比重为 98%。电费及用能成本方面，电费总支出 5154.59 万元，电费占用能成本比例为 99.9%。电费及营业成本方面，企业电费占营业成本的比重为 6.3%。

为提高能源利用效率，避免生产资源浪费，于 2020 年 11 月开始对空压机进行集中供气改造，将原先有 7 台功率共计 858kW 的螺杆式空压机，改造之后用 1 台功率共计 620kW 离心式空压机替换原 7 台螺杆式空压机。厂区能效得到了极大的提升，用能成本和运维成本大幅下降。

余热回收技术的应用，为住宿员工提供生活热水。改造前员工宿舍螺杆式空压机回收的余热提供了 60% 的热水，采用离心机的预热回收后，达到热水需求量的 100%。且可调节的温度也较之前更高。

2. 改造内容

根据用户空压机的配置以及空压机运行负荷情况，我们提出的方案是将原有的 7 台螺杆式空压机（总装机额定功率 858kW）替换为一台离心式空压机（额定功率 620kW）。并对后处理设备进行相应的升级。

空压机系统改造内容如图 2-15 所示。

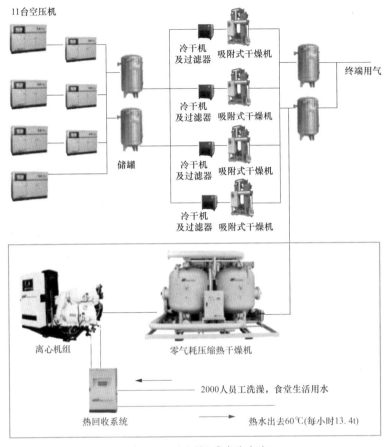

图 2-15　空压机系改造内容

3. 效益分析

（1）技能点 1。主机更换节能，节能效益见表 2-5。

表 2-5　　　　　　　　　　主 机 改 造 效 益

空压机名称	合计装机功率及数量	名义比功率	流量 120m³/min 年运行 8000h 节能
螺杆式空压机 （改造前）	复盛 132kW 4 台 复盛 110kW 3 台 工作电压 380V 合计装机功率 858kW 合计流量 160m³/min	6.5kW/m³/min	运行能耗为 6.5×120×8000×1.1≈686 （万 kW·h）
离心式空压机 （改造后）	C700 离心机 1 台 工作电压 380V 合计装机功率 620kW 合计流量 120m³/min	5.17kW/m³/min	运行能耗为 5.17×120×8000×1.1≈545 （万 kW·h）

综合节能：686－546＝140 万 kW·h，节约电费：140×0.8＝112 万元

（2）节能点 2。后处理设备升级改造，改造效益见表 2-6。

表 2-6　　　　　　　　　　　　后处理设备改造效益

后处理名称	120m³/min 功率及数量	名义功率	气量损耗	流量 120m³/min 年运行 8000h 节能
冷冻干燥机＋微热吸附干燥机（改造前）	压力露点−40℃ 冷干机功率 19kW 微热吸附干燥机 40kW	59kW	气损 8％ 120×8％＝9.6 9.6×6.2≈60（kW）	年耗电量为 (60＋59)×8000≈ 95.2（万 kW·h）
零气耗压缩热再生吸附干燥机（改造后）	C700 离心机 1 台 工作电压 10kV 合计装机功率 611kW 合计流量 120m³/min	辅助加热功率 5kW	气损 1％ 120×1％＝1.2 1.2×5.17≈6.2（kW）	年耗电量为 (5＋6.2)×8000 ≈9（万 kW·h）

综合节能：95.2−9＝86.2kW·h，节约电费：86.2×0.8＝69 万元

（3）节能点 3。余热回收改造，为全厂 2000 名员工提供 60℃生活热水，每日供水量大约 70 吨。余热回收节能效益见表 2-7。

表 2-7　　　　　　　　　　　　余热回收节能效益表

月份	当月天数/天	热水参数		60℃热水需求量/（m³/天）	节约天然气量/（Nm³/月）	天然气价格/（元/Nm³）	节能费用/（元/月）
		补充水温度/℃	出水温度/℃				
1	31	7	60	70	13373.26	5.00	66866.28
2	28	8	60	70	11851.16	5.00	59255.81
3	31	10	60	70	12616.28	5.00	63081.40
4	30	15	60	70	10988.37	5.00	54941.86
5	31	21	60	70	9840.70	5.00	49203.49
6	30	25	60	70	8546.51	5.00	42732.56
7	31	26	60	70	8579.07	5.00	42895.35
8	31	26	60	70	8579.07	5.00	42895.35
9	30	25	60	70	8546.51	5.00	42732.56
10	31	21	60	70	9840.70	5.00	49203.49
11	30	15	60	70	10988.37	5.00	54941.86
12	31	10	60	70	12616.28	5.00	63081.40
合计	365				126366.28		631831.40

综上所述，本项目采用 3 项节能改造技术，分别为主机更换节能改造技术、后处理设备升级改造技术和余热回收改造技术，分别节能 112 万元、69 万元和 63 万元，整体节能 244 万元，节能效果十分客观。

4. 项目亮点及推广价值

随着社会发展，新产品和新技术快速发展，空压机在自身能效提升方面得

到快速发展，本项目采用主机更换节能技术，年节能费用可达到 112 万元，节能量巨大。同时空压机后处理设备由于老化等原因，能效提升潜力很大，年节约费用 69 万元。余热回收也是改造中的一个重点部分，采用余热回收一方面可年节约费用 63 万元，另一方面更是减少了大量的对环境的热污染，对于节能减排的推广具有重要意义。

2.1.6 浙江双环传动机械股份有限公司二分厂空压机综合能效提升改造案例

1. 项目概况

浙江双环传动机械股份有限公司位于台州玉环市沙门镇滨港工业园，主要从事工程机械，商用车，乘用车，新能源汽车等齿轮的研发、设计、制造和销售，如图 2-16 所示。

图 2-16 浙江双环传动机械股份有限公司

企业用地面积 300 亩，职工人数约 2400 人，变压器安装容量 30000kVA。工业增加值 109114 万元，营业收入 230000 万元，纳税总额 6900 万元，营业利润总额 240000 万元，企业全年用电量 16795 万 kW·h，总能耗 18488.86t 标准煤，单位增加值能耗 0.58t 标准煤/万元。电费及用能成本方面，电费总支出 10580 万元，电费占用能成本比例为 99.5%。企业电费占营业成本的比重为 4%。

本项目位于浙江省玉环市沙门工业区，二分厂现有 12 台空压机，分布在 3 个不同的区域。用气需求约 142.8m³/min。五分厂内设置有空压机 6 台，分别为 G250 型 2 台、GA200 型 2 台及 G110 型 2 台。

经过调研，原空压机系统存在如下问题。

（1）空压机的比功率系数较大，基本约为 7.0kW/（m³/min）。

（2）多个站房多台空压机无联动控制，空压机无序加泄载。

（3）现场多台螺杆式空压机运行年限长。

（4）系统老旧，热量损失大。

（5）压力带没有精准控制，压力高了功率损耗大等问题。

（6）空压机全部为风冷型空压机，14 台风冷却器功率较高。

（7）空压机多台为 10kg 压力，而实际工作为 7.5～8kg 之间，存在降压损耗。

（8）利用五分厂空压机废热浪费严重，计划通过余热回收改造为宿舍园区内大约 1200 人提供 55℃ 的生活热水。

2. 改造内容

（1）二分厂集中供气改造。

1）选用业内最高效率离心机 579kW（106m^3/min）＋压缩热吸干机。

2）选用高效变频压缩 160kW（30.1m^3/min）＋高效变频机组 160W（30.1m^3/min）＋阿特拉斯冷冻式干燥机。

3）装设空压房管理系统能实现在线检测功能。建设一套空压机设备管理平台，对设备实行 24h 实施监控，及时反馈系统运行参数和故障信息。实现远程控制的同时，还可以通过设置运行逻辑，做到自动启停设备，自动加减载和自动调频功能。

二分厂空压机系统改造内容如图 2-17 所示。

离心式空压机　　压缩热吸干机

1车间
2车间
5车间
6车间
分汽缸

图 2-17　二分厂空压机系统改造内容

（2）五分厂空压机系统余热回收改造。根据空压机散热原理，在原冷却液风冷散热基础上增设冷却液水冷措施，通过换热设备余热回收，将生活热水循环加热到55℃。同时在屋顶增加4只10t热水水箱，热水供应量为36t，同时最大热水供应对应人数为800人。五分厂空压机余热回收系统改造内容如图2-18所示。

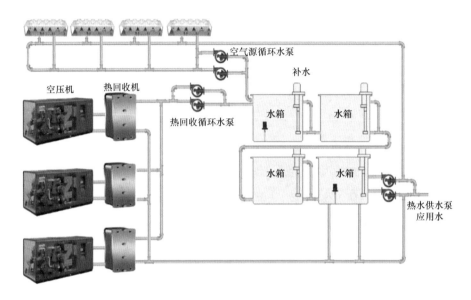

图2-18　五分厂空压机余热回收系统改造内容

1）主要设备选型及技术处理措施。空压机热回收装置将按照空压机容量进行配置。该装置将包括1套热交换器，1套温控系统，1套管路系统，装置一次侧与空压机油路连接，二次侧与热水系统连接。热回收量受空压机供油温度调节，自控系统通过监测空压机供油温度自动调节系统热回收量，以确保空压机在安全运行同时，最大限度回收空压机排出热量。当热水负荷降低导致空压机油温升高时，可切换原有系统降温模式，确保润滑油都能够得到有效降温。

2）水箱方案。宿舍区主要热水需求主要为洗澡用水，其中1200人中大部分为三班倒的操作人员，设计热水温度为55℃，额定热水用量50L/人。考虑到车间值班倒班实际情况综合冬季人员使用系数，设计单日使用人数约1200人，单班次使用人数最大为800人，同时最大热水供应对应人数为800人，即单日使用热水量约 40t，单班次使用热水量为 30t，同时最大热水供应量为 30t。据此情况，选择建设闭式不锈钢保温水箱（10t）4 个，最大水量 40t，理论水量为 36t，设计水量不小于原设计 33.8t。水箱内部冷水由水箱高位进入，热水由水箱低位进入。热水受自身热压上升，自然混水。

3）循环水方案。设置热水循环泵，采用变频形式。热水循环泵流量按照余热回收全部开启设计。

4）水控系统方案。采用水控系统。设置智能水表 520 块，计费充值系统软件块及相关水控系统组件。

3. 效益分析

（1）效益点 1。本项目采用合同能源管理模式实施，合同周期为 6 年。合同期内，项目实施界面范围内的前期投资、设备采购安装以及后期的设备维护均由国网台州综合能源公司承担。合同结束后，所有投资设备"零价"归客户所有，整个寿命周期内，双环公司可得效益空压机的维保费用 60 万/年×6 年＝360 万元。减免费一次性设备投资 500 万以上。

（2）效益点 2。主机更换节能，主机改造效益见表 2-8。

表 2-8　　　　　　　　　　　　主 机 改 造 效 益

空压机名称	合计装机功率及数量	名义比功率	流量 190m³/min 年运行 6000h 节能
螺杆式空压机（改造前）	阿特拉斯 110kW 5 台 阿特拉斯 160kW 2 台 阿特拉斯 132kW 2 台 阿特拉斯 55kW 5 台 工作电压 380V 合计装机功率 1464kW 合计流量 190m³/min	$7.0kW/m^3/min$	运行能耗为 $7×190×6000×1.1≈877.8$（万 $kW·h$）
离心式空压机（改造后）	ZH560 离心机 1 台 阿特拉斯 160kW 2 台 阿特拉斯变频 160kW 2 台 工作电压 380V 合计装机功率 1220kW 合计流量 190m³/min	$6.0kW/m^3/min$	运行能耗为 $6×190×6000×1.1≈725.4$（万 $kW·h$）

综合节能 877.8－725.4＝152.4（万 $kW·h$）
节约电费 152.4×0.8＝121.9（万元）

（3）效益点 3。后处理设备升级改造，后处理设备改造效益见表 2-9。

表 2-9 后处理设备改造效益

后处理名称	190m³/min 功率及数量	名义功率	气量损耗	流量 190m³/min 年运行 6000h 节能
冷冻干燥机＋微热吸附干燥机（改造前）	冷干机功率 30kW 微热吸附干燥机 60kW	90kW	气损 10% 190×10%＝19（m³/min） 19×7＝133（kW）	年耗电量为（90＋133）×6000≈133.8（万 kW·h）
零气耗压缩热再生吸附干燥机（改造后）	压缩热干燥机 1 台 阿特拉斯冷干机 1 台，功率 13.7kW 微热再生吸附机 1 台，功率 51kW	辅助加热功率 10kW	螺杆机气损 10% 84×10%＝8.4（m³/min） 8.4×6＝50.4（kW） 离心机气损 1% 106×1%＝1.06m³/min 1×6＝6（kW）	年耗电量为（50.4＋6＋10）×6000≈39.8（万 kW·h）

综合节能 133.8－39.8＝94（万 kW·h）
节约电费 94×0.8＝75.2（万元）

（4）效益点 4。余热回收改造。合作期内项目预计实现节能量 424 万 kW·h，节约 912.5t 标准煤，相当于减排二氧化碳 2300 多 t、二氧化硫约 8t、氮氧化物约 7t。实际余热回收系统效益见表 2-10。

表 2-10 实际余热回收系统效益

月份	当月天数/天	热水参数		60℃热水需求量/（m³/天）	节约电量/（kW·h/月）	单位电价/[元/（kW·h）]	节能费用/（元/月）
		补充水温度/℃	出水温度/℃				
1	31	7	47	40	60720.84	0.538	32667.81
2	28	8	48	40	54844.63	0.538	29506.41
3	31	10	50	40	60720.84	0.538	32667.81
4	30	15	55	40	58762.11	0.538	31614.01
5	31	21	61	40	60720.84	0.538	32667.81
6	30	25	65	40	58762.11	0.538	31614.01
7	31	26	66	40	60720.84	0.538	32667.81
8	31	26	66	40	60720.84	0.538	32667.81
9	30	25	65	40	58762.11	0.538	31614.01
10	31	21	61	40	60720.84	0.538	32667.81
11	30	15	55	40	58762.11	0.538	31614.01
12	31	10	50	40	60720.84	0.538	32667.81
合计	365				714938.95		384637.15

综上所述，本项目采用 3 项节能改造技术，分别为主机更换节能改造技术、

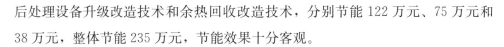

后处理设备升级改造技术和余热回收改造技术，分别节能 122 万元、75 万元和 38 万元，整体节能 235 万元，节能效果十分客观。

4. 项目亮点及推广价值

随着社会发展，新产品和新技术快速发展，空压机在自身能效提升方面得到快速发展，本项目采用主机更换节能技术，年节能费用可达到 122 万元，节能量巨大。同时空压机后处理设备由于老化等原因，能效提升潜力很大，年节约费用 75 万元。余热回收也是改造中的一个重点部分，采用余热回收一方面可年节约费用 38 万元，另一方面更是减少了大量的对环境的热污染，对于节能减排的推广具有重要意义。

2.1.7 海宁正泰新能源离心空压机余热回收项目

1. 项目概况

正泰新能源有限公司位于浙江省海宁市尖山新区吉盛路 1 号，主要生产光伏电池和光伏组件，光伏电池年产量 3GW。

2. 改造内容

项目新建 2 台 350kW 余热回收机组，如图 2-19 所示。通过 2 套超高效气—液换热器进行热量交换；在生产车间内，每条纯水电加热器进口处，布置 7 套末端纯水应用换热器；在循环软水管路上设置了一台不锈钢可拆板式换热器作为保护系统。并配套安装热水管路及阀门部件。

图 2-19　新建 350kW 余热回收机组

（1）余热回收系统。空压机余热回收系统计划对 2 台 ZH1120 离心空压机末级换热器部分进行改造，在每台空压机旁配置超高效气—液换热器，回收机组的第三级压缩热。气—液换热器的液侧采用闭式循环软水设计，将液侧的软水加热至80℃，通过总管上动力水泵分别送往用热车间。

（2）余热利用系统。末端热应用系统是将空压机余热回收系统回收的热量以80℃热水的形式送往车间的6条制绒线配套7套末端纯水应用换热器。7套末端纯水应用换热器布置在每条制绒线旁的纯水电加热器纯水进口，将纯水站送来的20℃纯水先预热到65℃，供生产工艺使用。

（3）散热保护系统。为确保系统的安全稳定运行，在循环软水管路上设置了一台不锈钢可拆板式换热器作为保护系统。该系统使用原机组的循环冷却系统进行保护，以便在余热回收系统达到饱和或余热回收机组发生故障时离心机组能够安全、稳定、高效运行。

3. 效益分析

（1）经济收益。该项目总投资270.5万元，采用效益分享型合同能源管理模式，可研预估投资回收期约为2.5年。

（2）社会效益。项目对空压机余热回收，不产生任何污染物，并且直接降低厂用电量实现节能降碳，减污降碳效益显著。项目每年发电量230万kW·h，节约标准煤约653.2t，减少二氧化碳排放约1205.2t，折合53亩林业碳汇。

4. 项目亮点及推广价值

（1）项目亮点。

1）系统省内首个结合生产工艺的空压机余热回收项目。项目将余热100%用于制绒线超纯水加热，为全省系统内首个对企业生产工艺进行改造的离心式空压机余热回收项目。

2）项目已形成行业级推广。余热回收技术技术壁垒小，并且新建热回收设备不影响原本正常生产工艺，项目性价比高。海宁周边的光伏制造企业也借鉴项目成果经验，实施空压站余热回收项目。如正泰二期项目已效仿本工程，在建设过程中对空压站配套实施了余热回收系统；晶科能源也借鉴本项目成果经验，加装空压机余热回收设备。

3）综合能源项目开发的典型模式。正泰项目是由综合能源公司前期对企业进行能效诊断走访中发现的节能潜力，向企业提出节能改造方案后得到企业认

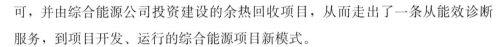

可，并由综合能源公司投资建设的余热回收项目，从而走出了一条从能效诊断服务，到项目开发、运行的综合能源项目新模式。

（2）推广价值。

1）可节能空间大。在大多数生产型企业中，其能源消耗占全部能源消耗的10%～30%。空压机通过强烈的压缩将原动机的部分机械能转化成气体的压力能，在生产高压空气的同时排放大量的压缩热。据不完全统计，全省预计有近1500 台离心空压机的保有量，按平均每台功率 800kW 预估，每年可回收的热量达 2700000 万 MJ（回收率 60%），折合 576000 万 kW·h。而一般离心空压机设备为 24h 不间断运行，可见离心空压机的余热资源巨大。

2）可推广行业多。空气压缩机是工业领域应用最广泛的动力源之一，被广泛应用于矿山开采、机械制造、建筑、纺织、石油、化工及其他需要压缩气体的场所。该余热回收技术在太阳能电池、有色金属冷轧、半导体等行业具有较高的推广使用价值。

2.2　锅炉富氧燃烧节能技术及案例分享

2.2.1　背景介绍

随着经济社会的发展，锅炉设备已广泛应用于现代工业的各个部门，成为发展国民经济的重要热工设备之一。从量大面广的这个角度来看，除了电力行业以外的各行各业中运行着的主要是中小型低压锅炉，全国目前计有 50 多万台。锅炉的热效率普遍较低，节能潜力很大，而且排放的大量烟尘和有害气体，严重污染环境。此外，各类化石能源价格大幅攀升，很多耗能大户企业效益大大降低，严重束缚了企业长远发展，尤其是使用锅炉的企业，现象更为明显，因此提高能源利用率、降低能源消耗成为提高企业效益的必由之路。

对于化石能源主要以燃烧利用为主，各类燃烧器发展已日臻成熟，从燃烧方式上提高燃料利用率已很难再有所作为，而从燃烧的反应速率及燃烧程度上仍有很大节能潜力。普通空气中氧的成分只占 20.94%，氮占 78.09%，在空气助燃的燃烧过程中，不参与燃烧反应的氮吸收了大量热量，从废气中排掉，造成热损失。同时在高温下生成氮氧化物，造成大气污染。

富氧燃烧即用比空气（含氧 21%）含氧浓度高的富氧空气进行燃烧（Oxygen-Enhanced Combustion，OEC），也被称为 O_2/CO_2 燃烧方式，广泛应用在冶金、玻璃制备等领域。

富氧燃烧技术最早由霍恩（Horne）和斯坦伯格（Steinburg）于 1981 年提出，其目的是产出 CO_2，用来提高石油的采收率。在 20 世纪 90 年代后，人们逐渐认识到节能减排的重要性，对温室气体的排放有意识地进行管控，富氧燃烧技术便越发受到关注。世界上大多数国家如美国、日本、德国、法国、加拿大等均积极开展研究，并且广泛推广富氧燃烧技术的各类应用，有的国家要求全部新增工业窑炉、工业锅炉全部用富氧空气助燃，不得采用普通空气助燃。

富氧燃烧技术能够降低燃料的燃点、提高燃烧效率、促进燃烧完全、提高火焰温度、减少燃烧后的烟气量、提高热量利用率和降低过量空气系数，使燃料燃烧迅速、完全，从而达到节约燃料、提高生产效率和保护环境的良好作用，利用富氧燃烧技术可以获得 85% 纯度的 CO_2 气流，通过液化处理，还能获得更高纯度的 CO_2 气流，方便 CO_2 的直接回收，具有显著的经济效益和社会效益。

2.2.2 能效提升技术原理

1. 富氧燃烧分类

富氧燃烧有空气增氧燃烧、吹氧燃烧、全氧燃烧以及空气—氧气双助燃剂等多种强化燃烧方法。

（1）空气增氧燃烧。空气增氧燃烧方法就是向助燃空气中掺入氧气（O_2），这是一种低浓度富氧的方法，可以使燃烧空气中的氧气浓度最高达到 30%，一般常规空气助燃燃烧器都能适用。空气增氧燃烧系统如图 2-20 所示。

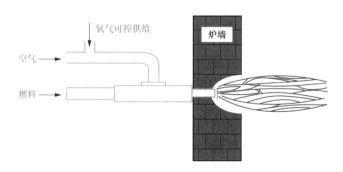

图 2-20　空气增氧燃烧系统

　　空气增氧燃烧技术可以促使火焰变化均匀，适用于很多反射炉、均热炉、加热炉和耐火炉。将氧气加入燃烧器入口的空气流有不同设计，可加入引风机入口或出口管道。氧气管和空气主管的夹角应根据介质压力和安全用氧要求合理设计。这种低成本增氧可以缩短火焰长度并强化燃烧。但如果增氧过多，火焰长度会变得过短，温度升高后的火焰可能会损坏燃烧器或烧嘴砖。如果氧气掺入量大，为保证安全，空气管道也需要改造。

　　（2）吹氧燃烧。吹氧燃烧即向空气助燃火焰中射入氧气，这也是一种低浓度富氧燃烧方法，属于分段燃烧的一种形式，能降低氮氧化物排放，特点是可用现有的空气助燃系统。吹氧燃烧系统如图 2-21 所示。

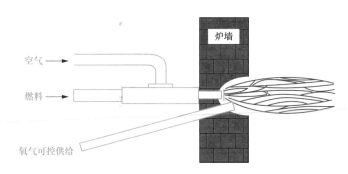

图 2-21　吹氧燃烧系统

　　向火焰和物料之间吹氧能使火焰向物料方向靠近，可提高传热效率，减少燃烧器、烧嘴砖以及燃烧室耐火材料过热的可能性。应用时通常从火焰下方吹入氧气，吹入点位于燃烧器和加热物料之间，热量集中于下游的加热物料上，可减少炉顶耐火材料受热，延长炉顶的寿命。

　　（3）全氧燃烧。全氧燃烧系统如图 2-22 所示，即用高纯氧气（O_2 体积分数

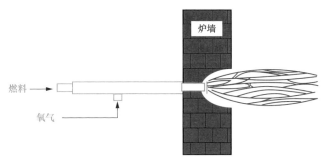

图 2-22　全氧燃烧系统

大于 90%）替代助燃空气。全氧燃烧器内部氧气和燃料不进行混合，因为纯氧具有极高的反应性，氧气燃气预混会有爆炸的可能性，不预混完全是出于安全的考虑。高纯氧的实际纯度取决于制氧方法，全氧燃烧强化加热的能力最高，但运行成本也最高。

（4）空气 氧气双助燃剂燃烧。空气—氧气双助燃剂燃烧系统如图 2-23 所示，即分别由两个不同的管道通过燃烧器射入空气和氧气。这是空气增氧法的一种变化形式，相当于在常规燃烧器上增加一个全氧燃烧器。

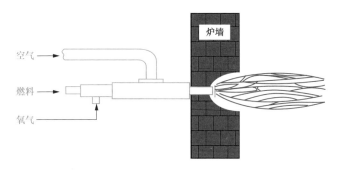

图 2-23　空气—氧气双助燃剂燃烧系统示意图

空气—氧气双助燃剂燃烧技术的优点是比空气增氧燃烧和吹氧燃烧使用更高浓度的氧气，运行费用低于全氧燃烧，火焰形状和热释放可以通过控制氧气量调节；在普通燃烧器上使用富氧助燃的缺点是火焰长度变短，且因助燃剂体积减小，从而燃烧产物减少，降低火焰的动能，减弱了炉气在炉内的循环，导致炉温不均匀，影响加热质量。为使氧气得到最有效的使用，已开发出新一代富氧燃烧技术及喷嘴，并成功应用于均热炉、加热炉、钢包烘烤器、有色金属熔炼炉、玻璃熔炉等设备中。

2. 富氧燃烧系统组成

以燃煤锅炉为例，富氧燃烧系统主要由富氧低氮燃烧系统、送粉系统、控制保护系统和辅助系统组成。

（1）富氧低氮燃烧系统。由供氧装置、复合型富氧微油枪、高能点火装置、推进器、燃油装置、压缩空气装置、高压风装置、燃烧器装置等组成，其中燃油装置、压缩空气装置及高压风装置是利用燃煤锅炉的主管路接出的分支管路。

（2）送粉系统。直接利用燃煤锅炉的送粉装置，由锅炉一次风管、磨煤机等组成，不需对锅炉送粉装置作任何改动，但在锅炉冷态启动时，需保证富氧微油点火调试节油系统所对应的送粉装置运行，确保有煤粉进入富氧燃烧器。

（3）控制保护系统。应用于富氧微油点火稳燃的过程控制与运行参数的采集监测，实现对炉膛和相关设备的保护与连锁，确保机组与项目装置的安全运行。

（4）辅助系统。主要由图像火检装置和燃烧器壁温监测装置组成。

3. 富氧燃烧特性

（1）节能特性。

1）提高火焰温度和黑度。因氮气量减少，空气量及烟气量均显著减少，故火焰温度和黑度随着燃烧空气中氧气比例的增加而显著提高，进而提高火焰辐射强度和强化辐射传热等，如当空气中氧气的浓度为 25% 时，火焰的黑度经计算为 0.2245，增加约 6%，同时炉膛火焰对物料的辐射传热量提高约为 20.4%。但富氧浓度不宜过高，一般富氧浓度在 26%～33% 时为最佳，因为富氧浓度再高时，火焰温度增加较少，而制氧投资等费用猛增，综合效益反而下降。

2）加快燃烧速度，促进燃烧完全，从而根治污染。富氧燃烧可以有效缩短火焰长度，强化火焰燃烧强度，促进燃烧完全。富氧燃烧速度比空气助燃时燃烧速度大幅提高，如氢气在纯氧中的燃烧速度是在空气中的 4 倍左右，天然气则达到 10 倍左右。各种气体燃料在空气和氧气中的燃烧速度见表 2-11。

表 2-11　　　　　　　各种气体燃料在空气和氧气中的燃烧速度

燃料	在空气中的燃烧速度/(m/s)	在氧气中的燃烧速度/(m/s)
氢气（H_2）	250～360	890～1190
甲烷（CH_4）	33～34	325～480
丙烷（C_3H_8）	40～47	360～400
丁烷（C_4H_{10}）	37～46	335～390
乙烯（C_2H_4）	110～180	950～1280

3）降低燃料的燃点温度和燃尽时间。燃料的燃点温度不是一个常数，它与燃烧状况、受热速度、环境温度等有关，如 CO 在空气中的为 609℃，在纯氧中仅 388℃，所以用富氧助燃能降低燃料的燃点，提高火焰强度、增加释放热量等。各种气体燃料在空气和氧气中的燃点见表 2-12。

表 2-12   各种气体燃料在空气和氧气中的燃点

燃料	空气/℃	氧气/℃
氢气（H_2）	572	560
甲烷（CH_4）	632	556
丙烷（C_3H_8）	493	468
丁烷（C_4H_{10}）	408	283
一氧化碳（CO）	609	388

4）减少燃烧后的烟气量。空气中氮气约占 80%，在燃烧过程中，氮气不参与燃烧，相当于稀释了助燃气氧气浓度，对燃烧起到了钝化的作用，同时在排烟时带走了大量的热。采用富氧空气助燃时，降低了氮气含量，使氧气含量相对提高，使得燃烧更加充分，且燃烧后的烟气量减少，一般氧浓度每增加 1%，烟气量约下降 2%～4.5%，降低了排烟热损失，从而提高燃烧效率等。

5）增加热量利用率。富氧助燃，对热量的利用率会有所提高，如用普通空气助燃，当炉膛温度为 1300℃时，其可利用的热量为 42%，而用浓度 26%富氧空气助燃时，可利用的热量为 56%。可利用热量增加了 33%，而且富氧浓度越大，加快温度越高，所增加的比例就越明显，因此节能效果就越好。

6）降低空气过剩系数。用富氧代替空气助燃，可适当降低空气过剩系数，这样燃料消耗就相应减少，从而节约能源。如在工业窑炉节能测试中，将空气过剩系数从 1.7 降到 1.2，平均节能率达 13.3%。因此，局部增氧助燃系统中，空气过剩系数一般建议降低 0.2～0.8。

（2）环保特性。

1）减少氮氧化物的排放。煤是我国最主要的能源之一，在一次能源消费量中占 75%。煤在燃烧过程中会生成二氧化硫、氮氧化物、粉尘等污染物，这些污染物对我们的环境产生很大的危害，其中氮氧化物（NO_x）的危害最大。高含量硝酸雨、光化学烟雾、臭氧减少以及其他一些问题均与低浓度 NO_x 有关系，而且其危害性比人们原先设想的要大得多。

传统低氮燃烧技术从理论上可以做到降低 NO_x 的排放，但是实施具有一定难度，具体表现在：①风和燃料的调控要适当，对于体积庞大、风量/煤量难于控制的锅炉来说，很难达到传统低氮燃烧技术调控的标准，碳的燃尽率与降低 NO_x 排放很

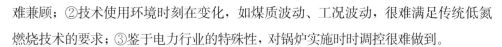

难兼顾；②技术使用环境时刻在变化，如煤质波动、工况波动，很难满足传统低氮燃烧技术的要求；③鉴于电力行业的特殊性，对锅炉实施时时调控很难做到。

富氧低氮燃烧技术在于以极少的燃油和纯氧，使一次风煤粉在富氧专用燃烧器内受高温热解，提前着火燃烧，煤粉在一次风严重缺氧状态着火后进入炉膛（即大量 CO 强还原剂进入炉膛），到达深度空气分级燃烧；同时，煤粉在富氧专用燃烧器实现浓淡分离，达到深度燃料分级燃烧。进入炉膛后，低空气余量系数的主燃区、还原区及高空气余量的燃尽区在炉膛中的全方位布置，从而在炉膛中又形成新的燃料分级和空气分级低氮燃烧。在以上双抑制和还原过程中，既保证了煤粉的高燃尽率，又大幅度抑制和还原燃烧中产生的氮氧化物。

在以上燃烧中提供了极少量的氧气，降低煤粉着火温度，提高煤粉着火率，强化还原环境，增加 CO 的产生量，提高煤粉的燃尽率，以"低氮燃烧的手段，达成烟气脱硝的效果"，实现最经济的降排 NO_x 的目的。

2）减少硫化物的排放。含硫化合物主要指 SO_2、SO_3 和 H_2S 等，其中 SO_2 的来源广、数量最大，是影响和破坏全世界范围大气质量的最主要的气态污染物，而工业生产中的煤燃烧是最大的 SO_2 排放源。

在燃煤锅炉上采用富氧助燃过程能有效地提高火焰温度、促进反应完全、提高热量利用率、减少烟气排放量。与此同时富氧的加入也改变了燃料煤燃烧的方式和条件，对硫化物的形成也有很大的影响。

在煤燃烧时，温度大约 1400℃，煤中所含的 S 和 H_2S 被氧化，生成 SO_2。同时煤中还含有大量的 Mg^{2+} 和 Ca^{2+} 离子化合物，这时候在 1400℃高温条件下将发生如下反应：$SO_2 + Ca^{2+} + O_2 \rightarrow CaSO_4$，采用富氧燃烧增加了氧浓度，促使反应向右进行，降低了烟气中的 SO_2 浓度，这样起到了固硫作用。

燃料中较多的灰量，在富氧气氛下具有催化氧化 SO_2 的作用，进而生产 SO_3，同样引起烟气中 SO_2 浓度降低。火焰温度越高，氧原子的浓度越大，越有利于反应 $2SO_2 + O_2 \rightarrow 2SO_3$ 向正方向进行，使 SO_2 转化成 SO_3，再用水膜除尘器便可除去 SO_3，从而降低 SO_2 的排放。

综上所述，富氧助燃在提高炉温、促进反应完全、降低能耗的同时，还起到了"燃烧中控制脱硫"的作用，引起烟气中 SO_2 浓度降低，有利于减少与控制 SO_2 污染物的排放，因此具有显著的经济效益和社会效益。

3）降低烟气黑度。烟即是固体微粒在尾气中悬浮而成，包括目视不可见及可见的微粒。碳烟不但污染环境，妨碍视线，其中的某些组分进入人体后还可能成为致癌因素。

煤炭在燃烧时，首先是挥发份的析出，当挥发份在局部高温缺氧情况下，经过裂解和聚合会形成碳烟。碳烟量随过量空气系数的下降而上升。燃烧与空气混合不良、超负荷运转及空气滤清器堵塞等均会产生大量碳烟。

采用富氧空气助燃后，在炉内形成了一个富氧气氛，使挥发份的燃烧更加充分，从而大大减少游离碳的形成，既提高了燃烧效率，也减少了烟气黑度。

4）有利于综合回收二氧化碳。燃烧产物的实际组分由许多因素决定，包括氧化剂组成、气体温度等。一般天然气与空气的燃烧中，约70%体积的废气是氮气，纯氧燃烧时的烟气体积只有普通空气燃烧的1/4，废气体积因氮气的去除而大大减少，同时，烟气中的CO_2浓度增加，有利于回收CO_2综合利用或封存，实现清洁生产。一般天然气在纯氧中燃烧的产物中CO_2约占1/3，H_2O占2/3，而空气助燃时烟气中有10%的CO_2和19%的H_2O，其余约71%为N_2。随着氧气在助燃剂中所占比例减少，烟气中CO_2和H_2O的浓度则会降低。

2.2.3 浙江金晟环保股份有限公司燃气导热油炉富氧燃烧节能改造案例

1. 项目概况

浙江金晟环保股份有限公司是一家以植物纤维生产技术为核心，集研发、设计、生产、销售为一体的国家高新技术企业，植物纤维产业化规模位居国内前列。图2-24所示为浙江金晟环保股份有限公司鸟瞰。

图2-24　浙江金晟环保股份有限公司鸟瞰

公司拥有植物纤维和生物基高分子两大技术研发平台，致力于开发植物纤维全生物降解环保新材料、新产品，建立了从原料到终端产品全产业链业务体系，服务于全球各大领域。公司主要产品包括植物纤维系列，高分子 PLA、PPAT 等可降解打包盒系列，刀、叉、勺及可降解塑料袋等系列。产品主要采用甘蔗渣为原材料，具有健康安全、低碳环保、生物降解等特点，是代替 PP、PE 等不可降解塑胶制品的新技术产品。2018 年被工信部授予第三批绿色设计产品，是消灭"白色污染"，创建"绿色生态环境"的重要途径，是中国政府倡导禁塑令的主要替代产品。

公司现有 2 台燃气导热油炉（14000kW），拟采用富氧燃烧节能系统进行节能改造，实现 5％以上的节能率设计目标。目前，工厂导热油炉运行的主要基础数据见表 2-13。

表 2-13　　　　　　　　　　工厂导热油炉运行的基础数据

项目	数值	单位	项目	数值	单位
设备功率（2 台，标定负荷）	14000	kW	年作业时间	330	天
平均负荷（拟执行的标定负荷）	20	t/h	设备折旧年限	10	年
预计年耗天然气量	693	万 m³	每天工作时间	24	h
电力价格	0.8	元/(kW·h)	天然气价格	4.75	元/m³

2. 改造内容

根据浙江金晟环保股份有限公司 2 台现有待技改燃气导热油炉的实际运行工况数据，拟采用 1 套富氧燃烧节能系统（含空气压缩 & 净化模块、氧氮分离模块、预混单元、无损工艺切换组件、系统底盘以及控制系统），1 台压缩空气储罐，1 台富氧缓冲罐，并在现场施工建设 2 套将富氧燃烧节能系统产生的富氧空气经低压缓冲罐送至导热油炉燃烧器的工艺管线系统（含现场建造的管道、工艺阀门、分配器、炉窑喷枪接口及其附件），1 套氮气回收管路，安装完成后，将富氧送入导热油炉进行富氧燃烧，并实现 5％以上的节能率设计目标。富氧燃烧系统工艺流程见图 2-25 所示。

主要技改设备见表 2-14 所示。

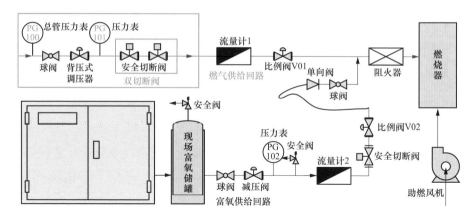

图 2-25 富氧燃烧系统工艺流程

表 2-14 主 要 技 改 设 备 一 览

序号	设备名称	型号规格	数量	单位
1	富氧燃烧系统	HRO235-400	1	套
2	压缩空气储罐	C-4/0.8	1	台
3	富氧缓冲罐	C-2/0.8	1	台
4	管道	按管径型号规格推荐表	1	套
5	阀门	按管径型号规格推荐表	1	套

3. 效益分析

年经济效益按标定的节能率（节约燃料率）、对比测试期单耗计算全年经济效益，扣除运行电费以及维护保养费，即为全年经济效益。

企业年天然气耗气量约 693 万 m^3，按照平均 5% 节能率，本项目预计年节约天然气量为 34.65 万 m^3，天然气单价暂按照 4.75 元/m^3。

年节省费用为 34.65×4.75＝164.59（万元）；

富氧设备年用电量约 58.45 万 kW·h，电价按照 0.8 元/（kW·h）计算，扣除氮气能源回收部分电费每年 18.70 万元；

富氧设备运维费每年 16.80 万元；

扣除电费及运维后年节约费用 164.59－18.70－16.80＝129.09（万元），本富氧节能项目总投资约 350 万元，投资回收期 2.71 年。

4. 项目亮点及推广价值

（1）项目亮点。

1）工艺设备简单、可靠。富氧燃烧节能系统是模块化、标准化的膜分离设

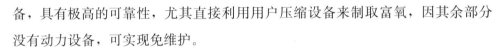

备，具有极高的可靠性，尤其直接利用用户压缩设备来制取富氧，因其余部分没有动力设备，可实现免维护。

2）节能环保。富氧燃烧节能系统一般可节约 5％～15％ 的燃料，减少氮氧化物的排放。

（2）推广价值。可推广行业多。富氧燃烧技术在供热、有色、化工、食品、造纸、印染、橡胶、酿酒、烟草等行业具有较高的推广使用价值。

2.3　余能利用能效提升技术及案例分享

2.3.1　背景介绍

随着社会的发展，人们对能源的依赖程度在加强。人们成倍增加对能源的需求，造成了地球化石能源的储量在迅速减少，形成了难以持续发展的格局。同时人们大量地利用能源，也造成了严重的环境污染与生态恶化。从理论上讲，可再生能源（太阳能、风能、水能等）的数量几乎取之不尽、用之不竭。但由于其密度低、随时性很强（随时间变化十分明显）的特性，其利用较为困难，往往投入产出不合算。因此，人们依然还要依靠化石能源。在化石能源的利用过程中，实践证明只能有效地利用一部分，另一部分则以不同形式变成了余热余能。

所谓余热余能，即为了满足工艺过程、生产某种产品，或为了满足人们生活、工作的需求，需要消耗一定数量的能源，除了为满足这种需求理论上所需消耗的能源以外的、认为无用的、剩余的热与能即为相关过程和需求的余热余能。

在能源利用的过程中，人们通常将变成余热余能的过程称为损失的过程，如摩擦损失、节流损失、散热损失、燃烧损失、传热损失等。实践证明，这部分"损失"在一定条件下它们又变成了余热余能，其能的品位也出现了降低，而这些被降低了品位的余热余能中的一部分又可能变成有效能。余热余能的可用程度往往与时间、地点、相关的技术水平、管理水平有密切的关系，而余热余能的有效利用，又往往能促进能源的合理利用。比如，在炼钢过程中，过去将钢水变成产品，要求先浇铸→冷却→变成钢锭→加热→满足轧钢工艺→产品，这样在冷却过程中会产生余热，在加热过程中又要增加能的消耗。由于发明了连铸技术，则可直接利用钢水进行轧制，不仅减少了加热能的消耗，同时还减少了冷却过程中的余热。再如，过去火力发电系统，由于燃烧、传热㶲损失和其他原因，致使发电过程产生了大量烟气余热及冷凝余热，并散失至大气之中，系统效率很低。近些年，由于改善了燃烧及传热过程等，减少了损失引起的排烟损失及冷凝损失，使得发电系统的发电效率达到了较高水平，低的达到 40％左右，高的达到 60％～70％。也就是说随着发电方式的改变，充分利用了以损失表现的高位余能，达到了能的合理利用，获得了系统发电效率的提高。再例如，废热锅炉的利用，大大地改善了工艺系统余热利用，从而将余热变成了人们所需要的热、功、电。一般情况下，余热余能既可能是由高位损失引起，也可能是由低位的热损失引起。余热余能虽然均属于低位能，但是它们的来历却大不相同。有的是由于利用不好，产生了大量的损失而形成的；有的却是正常利用后较少产生㶲损失而形成的。虽然它们在余热余能的形式下属于低位能源，但由于来历不同，我们在考虑它们的回收利用时，即可能产生不同的方法与措施。对于前者，可以利用减少损失、改善燃烧传热等方法，可以使余热余能得到较好的利用；后者则可采用多能互补的方法，从而合理利用余热余能。这样即对余热余能的产生、性质及其利用有了一个较全面的理解与认识。

余热余能潜力分析的目的主要是为了更好地利用它，并引起人们的重视。由于提高了余热余能的利用水平，使得更多的、原来无用的余热余能得到了合理利用，变废为宝。为了正确地提高余热余能的利用水平，更好地挖掘其潜力，必须有一个合理的分析方法及原则。过去，人们多以热力学第一定律来考虑能量的平衡与利用，通过建立热平衡关系来分析问题。这样在实际工作中虽然也取得了大量的成绩，但却忽略了很重要的问题，不仅该有的潜力未能发现，也不能在某些情况下正确地选用余热余能的利用措施。比如，用天然气锅炉制取蒸汽、烘干物料等的高位低用，使燃料的高位能白白浪费，变成了相应的低位热。从第一定律的热平衡看，系统已无利用的潜力，但从㶲平衡角度而言，其回收的潜力则很大。所以，目前应同时考虑热力学第一、第二定律，不仅要考虑热平衡，更要考虑㶲平衡。即不仅要考虑能源量的大小，同时还要考虑能源质的差异。为此，要求我们在余热余能的利用过程中，充分地考虑能的梯级利用，

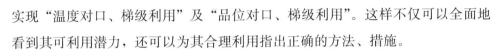

实现"温度对口、梯级利用"及"品位对口、梯级利用"。这样不仅可以全面地看到其可利用潜力,还可以为其合理利用指出正确的方法、措施。

总之,凡是用能(电、功、热等)地点都会有不同形式的余热余能存在。凡是利用不充分的工艺过程,都大量存在着能的不同程度的降位,即由电、功变为热,或者由高位的蒸汽变为热水,或热水冷却散热至大气的过程。这样说来,凡是降位的能源的运行过程中,未被有效利用的能量就是余热余能。目前,各种工艺过程的能源有效利用水平都在 50% 左右,所以余热余能的总量约占了实际能耗的 50%。考虑到其他资源在利用的过程中,也会产生余热,如硫酸生产过程,所以余热余能可回收利用潜力应在 20% 以上。因此,余热余能的研究及完善程度乃是能源合理利用的不可缺少的极其重要组成部分。余热余能的优化利用,是解决目前能源紧张、环境污染、生态恶化的重要组成部分。

2.3.2　能效提升技术原理

1. 蒸汽冷凝水回收节能技术

蒸汽的热能由显热和潜热两部分组成,通常用气设备只利用蒸汽的潜热和少量的显热,释放潜热和少量的显热后的蒸汽还原成高温的冷凝水,冷凝水是饱和的高温软化水。这部分冷凝水含有可加以利用的显热,在使用蒸汽压力为 0.1~1.5MPa 时,这部分显热占整个蒸汽热量的 15.6%~30.3%,使用蒸汽压力越高,排放的冷凝水热能价值越大。同时,蒸汽冷凝水也是洁净的蒸馏水,适合重新作为锅炉给水。蒸汽压力与排放的冷凝水热能关系见表 2-15。

表 2-15　　　　　　　　蒸汽压力与排放的冷凝水热能关系

饱和压力/MPa	0.1	0.2	0.3	0.4	0.5	0.6	0.8	1.0	1.5
显热占总热的比例(%)	15.6	18.6	20.6	22.1	23.3	24.3	26.8	27.5	30.3

因此,采取有效的回收系统,最大程度回收系统的热能和软化水是非常必要的,它不但可以节能降耗,也可以消除因二次闪蒸汽的排放而对厂区环境造成的污染,无论是在经济效益还是社会效益上都有十分重大的现实意义。按冷凝水回收系统是否与大气相通,可将其分为开式系统和闭式系统两种。

(1)开式系统。开式冷凝水回收与利用系统如图 2-26 所示,该系统把冷凝水回收到锅炉的给水罐中,在冷凝水的回收和利用过程中,回收管路的一端是向大气敞开的，通常是冷凝水的集水箱敞开于大气。

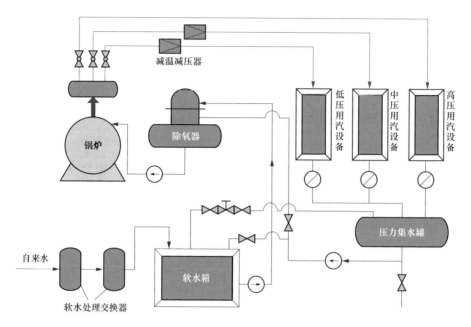

图 2-26　开式冷凝水回收与利用系统

冷凝水携带的蒸汽和冷凝水因减压到常压后闪蒸的二次蒸汽排空，散失了部分热量，或将二次蒸汽加以利用。当使用蒸汽压力在 0.5MPa 时，二次蒸汽造成的热损失达 40％以上，而且随着用汽压力增加，热损失和蒸汽损失增加。开式系统蒸汽压力与热损失关系见表 2-16。当冷凝水的压力较低，靠自压不能到达再利用场所时，可利用泵对冷凝水进行压送。为防止压送时泵发生汽蚀，可将近 100℃冷凝水自然或加冷凝水降温到 70℃以下。

表 2-16　　　　　　　　　　开式系统蒸汽压力与热损失关系

蒸汽压力/MPa	0.2	0.3	0.4	0.5	0.6	0.8	1.0	1.5
蒸汽损失（％）	3.8	6.3	8.2	9.8	11.1	13.4	15.2	18.9
热损失（％）	20	30	36	41	44	50	53	60

开式冷凝回收系统存在的主要不足如下。

1) 冷凝水自然冷却，损失大量的冷凝水热，同时也损失部分冷凝水；大量的疏水阀漏气和闪蒸二次汽对空排放，这部分浪费约占冷凝水总量的 5％～

20%，总热量的 20%～60%。

2）使用开式方法回收冷凝水，要对锅炉补充较多的软水。软水需求量大，软水生产频繁。

3）冷凝水冷却时，闪蒸出的蒸汽溢出空气中，对周围环境有热污染；溢出蒸汽漂浮在锅炉房周围的环境中，破坏整体净化厂房、车间外观形象；闪蒸汽的排放，在冬天热雾漫天，夏季热浪逼人，即对环境造成严重的热污染，又可能烫伤人员，存在安全隐患。

4）开式冷凝水箱直通大气，原本已除氧的冷凝水会再次溶氧，不仅使水箱和冷凝水管路因氧腐蚀而缩短寿命，还会增大除氧成本。回收的冷凝水再次被溶解空气中的氧气，二氧化碳等杂质，增加后处理费用。将高品质的冷凝水按低品位的水用本身就是一种浪费。

5）二次蒸汽造成潮湿的环境加重了金属设备的腐蚀，电气设备老化，形成间接损失。

6）开式冷凝水箱有排汽口与大气直接相通，冷凝水进入水箱后就会因压力下降而产生大量二次闪蒸汽，由于汽化潜热的存在，二次汽携带大量高品质热能排到大气中，使冷凝水温度迅速下降，造成大量能源和水资源浪费，这样大量蒸汽排放到大气中，不仅影响单位形象，还会造成热污染；放置在地下室，会更无法处置。

7）开式冷凝水箱因为冷凝水泵易气蚀，故容积都做得很大，以便冷凝水在水箱中停留足够长的时间，使温度充分降下来，这样冷凝水会降到更低的温度，使热能进一步浪费，且水箱和水泵分开布置，占地面积大。

8）开式回收设备的弊端，还体现在冷凝水本身是汽水两相流，高温的冷凝水极易造成增压水泵的气蚀破坏，由于无法解决冷凝水泵气蚀破坏，所以只能将水箱与大气相通，将二次汽放掉，致使冷凝水充分降温，将能源浪费，只能将很少的水和热能回收。

因此，开式系统适用于小型蒸汽供应系统，冷凝水量和二次蒸汽量较少的系统。采用该系统时，应尽量减少冒汽量，从而减少热污染和工质、能量损失。目前国内企业的冷凝水回收基本采取开式水罐、水箱等，为减少闪蒸二次汽（冷凝水温度高，进到开式系统压力降低，大量的显热变成潜热，形成二次汽化）的排放。有的企业采用掺水降温，降低水质和利用价值，还有的企业专门上一台冷凝器，用循环水对闪蒸二次汽进行吸收，然后再通过凉水塔将热量排放掉，为浪费这部分能源，还要上设备和花费新的能源。

（2）闭式系统。闭式凝结水回收系统的凝结水集水箱以及所有管路都处于恒定的正压下，系统是封闭的。闭式凝结水回收与利用系统如图 2-27 所示。系统中凝结水所具有的能量大部分通过一定的回收设备直接回收到锅炉里，凝结水的回收温度仅丧失在管网降温部分，由于封闭，水质有保证，减少了回收进锅炉的水处理费用。

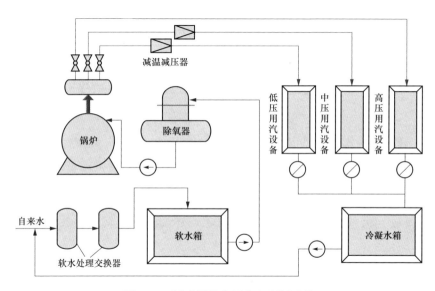

图 2-27　闭式凝结水回收与利用系统

闭式凝结水回收系统注重蒸汽输送系统、用汽设备和疏水阀的选型；冷凝水汇集及输送的科学设计、优化选型以及梯级匹配，使用能系统、余热回收更加科学合理，达到最佳的用能效率。该系统是目前凝结水回收的较好方式，其优点是凝结水回收的经济效益好，设备的工作寿命长，但是系统的初始投资大，操作不方便。闭式冷凝水回收系统的工艺特点如下。

1）对乏汽和冷凝水进行闭式回收后，降低了企业的生产成本，提高企业的市场竞争力和企业净利润。

2）对乏汽和冷凝水进行回收后，彻底消除因排放冷凝水和闪蒸二次汽造成的热污染，无白色的蒸汽飘浮在厂区的上空，避免了热污染，美化了厂区环境，达到清洁生产。

3）在用户正常生产工艺条件下对乏汽和冷凝水进行完全闭式回收。

4）冷凝水不会被空气中的氧气再污染，可以直接利用，节约除氧用水。

5）冷凝水泵在输送高温冷凝水的状态下不发生汽蚀，能将冷凝水送入指定地点。

6）工艺系统平衡稳定，冷凝水回收装置可全自动化连续运行。

在闭式系统中，按照蒸汽流动的动力，又可把冷凝水的回收系统分为余压回水、重力回水和加压回水几种形式。余压回水又称背压回水，是指仅靠疏水阀的疏水背压将冷凝水送到冷凝水集水罐；重力回水是指依靠疏水阀与集水罐的位差产生的重力用作回水动力，这两种过程都不需要附加动力；当靠余压或重力不足以克服管道阻力时，可在用汽设备附近区域设置区域集水罐，用泵等附加动力将冷凝水送到集水罐或锅炉。

冷凝水闭式回收与开式回收方法相比具有如下优势。

1）减少因疏水背压的降低造成的闪蒸损失，闪蒸量占冷凝水量15%以下。

2）用汽设备均背压条件下运行，减少换热设备变工况运行时的蒸汽泄漏量。

3）回收冷凝水直接进锅炉，提高锅炉供水温度50℃以上；直接进除氧器，二次闪蒸和本身的高温，可以减少除氧器的蒸汽供给量。

4）节约水及软化水处理费用。

5）减少锅炉排污率（一般与冷凝水回收率一致）。

6）增加锅炉单位时间的产汽量，提高锅炉出力，稳定汽压。

7）减少跑、冒、滴、漏而产生的热污染，改善工作环境。

8）能源利用率的提高，缩短了锅炉的运行时间，降低了烟尘排放量。

（3）冷凝水回收系统的选择。对于凝结水回收和利用，选用何种回收方式和回收设备，是能否达到投资目的至关重要的一步。首先，要正确选择凝结水回收系统，必须准确地掌握凝结水回收系统的凝结水量和凝结水的排水量。若凝结水量计算不正确，便会使凝结水管的管径选得过大或过小。其次，要正确掌握凝结水的压力和温度，凝结水的压力和温度是选择凝结水回收系统的关键。回收系统采用何种方式，采用何种设备，如何布置管网，需不需要利用二次蒸汽，需不需要回收凝结水的全部热量等问题都和凝结水的压力、温度有关。最后，凝结水回收系统疏水阀的选择也是回收系统应该注意的内容。疏水阀选型不同，会影响凝结水被利用时的压力和温度亦会影响回收系统的漏气情况。

由于目前凝结水回收技术的不断提高和完善，凝结水回收设备的不断改进和新型高性能回收设备的不断研制，凝结水回收系统有效利用凝结水各种资源的可能性大大提高。以往凝结水回收系统采用的回收设备一般是疏水阀、集水箱、普通水泵等，对于回收系统中存在的问题，如汽水共存而产生的管路里的水击现象、疏水阀选型不当而产生的漏汽现象、普通水泵运行时产生的汽蚀问题、凝结水不能有效利用问题等都随着回收设备的研制和开发逐步得到解决。如为了解决凝结水中的含汽问题和有效利用其能量，在管路里设置凝结水扩容箱，使凝结水闪蒸产生二次蒸汽，回收闪蒸蒸汽，从而达到能量的充分利用并解决管路里的水击问题。再如，为解决高温饱和凝结水的泵内汽蚀问题，利用喷射增压原理，并在国外先进技术基础上，研制的高温饱和凝结水密闭回收装置，解决了离心泵在泵送高温饱和凝结水时产生的汽蚀问题，并解决了喷射泵喷射增压过程中本身的汽蚀问题，为闭式回收系统充分利用凝结水中的热能，最大量地回收凝结水，节约燃料和软化水，提高凝结水回收系统的经济性提供了可能。当然，还有其他一些设备，如JCRS型无疏水阀的热泵式凝结水回收装置，它是利用蒸汽喷射压缩器，将凝结水的闪蒸汽升压，回收利用，做到汽水同时回收，使可用蒸汽量大于锅炉的供汽量，并可使凝结水在闪蒸汽被吸走时温度降低，用防汽蚀泵打回再用，节能效果显著。还有，带自增压环加压装置的蒸汽回收压缩机，可将蒸汽及高温凝结水以高温方式直接压进锅炉，这种回收设备的回收热效率较高。

凝结水回收装置的完善使凝结水回收系统的回收效率大大提高，装置的选择不仅要考虑回收系统的具体现场情况，还要考虑实际的用汽条件，如蒸汽的压力、温度，闪蒸汽的回收方式，疏水阀的形式等。在系统选择时也并非系统的回收效率越高越好，在系统达到回收目的的同时，还要考虑系统热经济性的问题，也就是在考虑余热利用效率的同时，还要考虑初始的投入，即项目的经济技术比较，只有通过合理的经济技术比较，达到投入和回收的合理比值才是

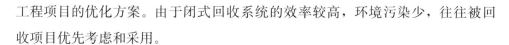

工程项目的优化方案。由于闭式回收系统的效率较高，环境污染少，往往被回收项目优先考虑和采用。

2. 余压发电节能技术

余压发电是指在工业或化工企业生产过程中，通过蒸汽或气体在发电机内发电。它具有低成本、高效率等优点，因此在纺织、炼钢、制糖、印染以及造纸等行业中得到广泛应用。据统计，2019 年中国余压发电市场总规模约为 700 亿元。预计到 2026 年，市场规模将达到 1100 亿元以上。

（1）技术原理。余压发电系统基于高压气体膨胀降压转化气体的流动功为机械能的原理，实现回收工业余压能并将其转化为电能，系统工作原理如图 2-28 所示。通常情况下余压流体介质经储气罐进入膨胀机降压降温，同时输出机械功驱动发电机发电，膨胀机出口的低压气体通过油分离器将润滑油分离出来，再通过油泵输送至膨胀机回油口循环使用，剩余气体在储气罐稳压处理后供后续工艺使用或直接排放。

余压流体介质在膨胀机中进行绝热膨胀，其热力过程势必使气体温度降低。实际过程中为减弱这种低温效应对设备运转的影响或为满足工艺要求，一方面可以通过在降压前实施预热，常见的热源有电加热器、燃气锅炉、内燃机余热、燃料电池余热以及其他可利用的废热。另一方面还可以考虑设计耐低温的膨胀机并在降压后利用复热过程充分利用这些优质冷量，实现压能、冷能联合利用，争取做到能量利用最大化，同时确保膨胀后工艺温度要求。

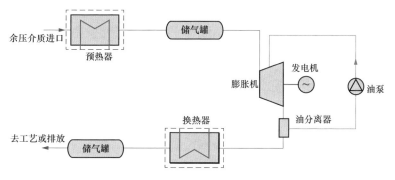

图 2-28　余压发电系统工作原理

（2）高炉煤气余压发电技术。随着炼钢高炉向着大型化、高压化发展，如何利用高炉煤气的余压成为钢铁企业降低能耗，节约成本的关键问题，高炉煤气余压发电技术也应运而生。高炉煤气余压回收透平发电装置（Top Gas Pressure Recovery Turbine Unit，TRT）旨在利用高炉炉顶煤气的压力能及热能，通过透平膨胀机驱动发电机发电。TRT 典型工艺流程如图 2-29 所示。

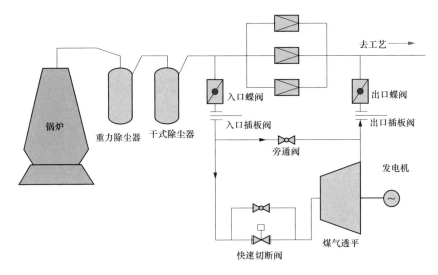

图 2-29　TRT 典型工艺流程

TRT 作为一种二次能源回收装置，在钢铁企业有很高的应用价值，运行中不需要燃料，在不改变原高炉煤气品质，不影响煤气用户正常使用的基础上能回收相当可观的能量，降低钢铁冶炼成本，同时又净化了煤气，减少了噪声污染，是典型的高效节能环保装置。

现阶段，容积大于或等于 $1000m^3$ 的高压高炉上一般都设有 TRT，高压高炉炉顶设计压力范围为 $0.12\sim0.25MPa$（表压），煤气发生量为 10 万～70 万 m^3/h，TRT 后面的压力视用户要求而定，一般为 $0.01\sim0.02MPa$。与湿法、干法高炉煤气净化系统相匹配，TRT 也有湿式与干式两种。理论上高炉炉顶煤气压力在 80kPa 时，TRT 所发的电能与设备消耗的电能相抵消，而当煤气压力为 100kPa 时会产生经济效益，煤气压力高于 120kPa，装置经济效益相对明显。TRT 发电能力随炉顶煤气压力而变化，一般每吨生铁发电量为 $20\sim40kW\cdot h$，就相同高炉而言，采用干法除尘煤气温度较高，装置发电量可提高 30% 左右，每吨生铁最高发电可达 $54kW\cdot h$。在炼铁工序中，高炉鼓风能耗约占总能耗的 8%～10%，采用 TRT 装置可回收高炉鼓风机能量的 30% 左右，降低炼铁工序

能耗 11~18 kgce/t。

高炉炉顶余压发电装置诞生于 20 世纪 60 年代，经历了 50 多年的研发、实践及完善过程，已经达到了较高的工艺技术水平。我国钢铁企业现有 TRT 装备高炉 700 多座，大部分都针对于湿法除尘煤气净化系统，而且由于高炉生产与 TRT 不协调，导致发电量普遍比较低下。目前我国余压发电装置还只局限应用于大型高炉上，在不断着手提高发电设备效率的同时，对于在数量可观压力较低的中小型高炉上如何使用余压发电装置回收能量的问题值得进行深入的研究。

（3）天然气余压发电技术。伴随着全球天然气使用范围的快速扩大，输送压力的逐年递增，充分利用天然气压能以及膨胀后产生的冷能存在着极大的节能潜力。天然气余压回收发电装置是利用天然气的余压，将天然气导入膨胀机做功，驱动发电机发电的一种能量回收装置，如图 2-30 所示。

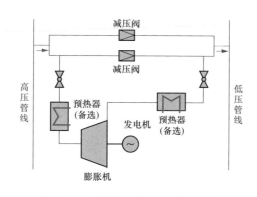

图 2-30　天然气余压回收发电装置

该装置不仅可以回收原先由调压器白白损失的节流能量，还能有效地解决减压阀组降压时产生的噪声污染和管道振动，改善工作环境。这种能量回收的发电装置不产生任何污染，可以无公害发电，是公认的节能环保装置，已经得到了包括美国、英国、意大利以及俄罗斯等众多国家研究者的高度关注。

3. 生物质能梯级利用

生物质能源可以转化为气体燃料、热能、电能等其他形式的能源，是一种清洁可再生能源，而且可以吸收造成温室效应的二氧化碳，是唯一的可再生碳源。我国生物质能资源分布广泛、储存量大、种类丰富，常见的有农林业废弃物、人畜禽粪污、生活有机物垃圾、污水污泥等。在构建可持续发展的生态环境背景下，具有自然碳中和属性的生物质能利用是实现新农村经济振兴、建成新型现代化电力系统等重大战略目标的重要途径，是与森林碳汇、碳捕捉封存等生物利用技术融为一体实现自然碳中和的主要技术。

生物质能发电技术的发展潜力巨大，主要是利用农林业垃圾、工业生产废弃物、城市有机废物等为主要发电原材料，再通过焚烧、沼气、气化等技术发电，发电技术主要包括沼气发电技术、气化发电技术、直接燃烧发电技术。

（1）生物质沼气发电技术。沼气发电系统所采用的主要资源为在农林产业以及人们日常生活处理过程中所形成的有机垃圾，这种有机垃圾通过发酵后可形成沼气，沼气再经沼气机组运行后形成电力，而发电机组的余热利用又可促进沼气的产生。沼气发电系统一般包括消化池、储气罐、供气泵、沼气发动机、交流汽轮机、沼气锅炉及余热回收装置等，如图 2-31 所示。

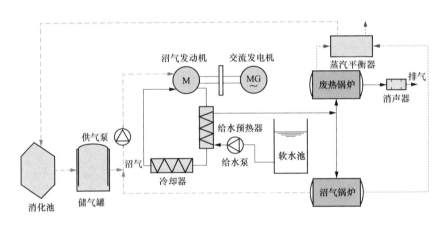

图 2-31　生物质沼气发电技术

沼气发电机组由沼气发动机和交流发电机组成。在沼气发电过程中，由燃烧产生的大量热量经废烟气和缸套水排出，只有少量通过机油和中间冷却器排出。相比较于其他发电机组的效率，沼气发电机组的综合效率较高，能达到 80%，经济效益显著，更适合开发利用。沼气发电机组对沼气的质量有严格的标准，必须达标后才可以发电，因此粪污、农业废弃物等这类有机废物经过厌氧发酵后产生的沼气，经过脱水、脱硫技术等处理才能达到要求进行发电。

沼气发电的具有环保性、经济性、可靠性和节能性等优点，沼气发电排放的废气经过处理后达到环保的标准，而且利用废弃物进行发电，既能够减少污水的排放保护环境，又可以用电自供，经济性高。

（2）生物质气化发电技术。生物质气化发电技术如图 2-32 所示，其基本原理是生物质经过气化反应后产生可燃气，净化后的可燃气燃烧产生动力推动发电设备发电。

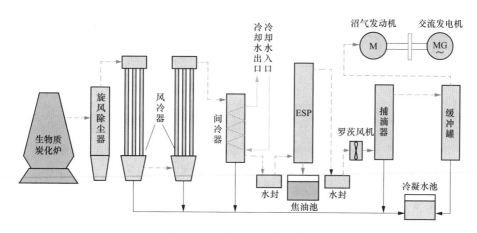

图 2-32　生物质气化发电技术

生物质气化产生的可燃气体是在高温下产生的一种还原性气体，这种可燃气体含有硫化物、焦炭和焦油等杂质，还会产生大量微小焦炭颗粒、灰和还原状态的碱金属物质，这些杂质的存在会降低气化系统和用气设备的使用年限，降低产气率，所以要通过相应的燃气净化技术将杂质去除后才可以进入发电机组利用燃气轮机或内燃机发电。通常使用燃气高温除尘、燃气脱除碱金属和燃气除焦等技术。

生物质气化发电的优点是燃料气化后的热值高、发电效率高；缺点是对原料的要求高、初始投资高、核心技术尚未成熟。

（3）生物质直接燃烧发电技术。生物质直接燃烧发电技术如图 2-33 所示，其原理与煤炭火力发电原理相似，生物质燃烧产生热能，水被加热成水蒸气后推动汽轮机转动做功实现发电，其对原材料的要求低，可以是固化成型的生物质原料，也可以直接进行燃烧。

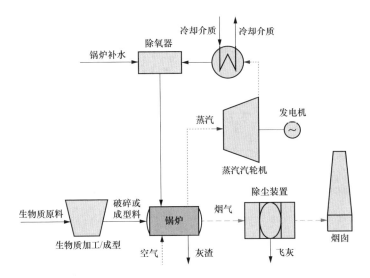

图 2-33 生物质直接燃烧发电技术

由于生物质直接燃烧对原料的需求量大且发电模式简单，所以发电厂通常建立在木材加工厂、垃圾场等生物质资源丰富产量大的区域。这些区域的生物质资源丰富，原料充足，是持续稳定输出电能的前提条件。但由于生物质原料的分散性和热值低的特点，在传输之前最好先经过初加工使其致密成型后再运送到合适的发电厂进行直燃发电。大型发电厂的单机容量能够达到 10～25MW，热效率能提高到 90% 以上，大规模高效率的特点能够缓解一定的用电压力，同时对环境保护意义重大。

生物质直接燃烧发电的优点是对生物质原材料要求低且不同燃料可以混合后燃烧，它的缺点是燃料热值低、热效率低，对环保排放的要求高。目前我国正在研发汽水参数和发电机组热效率更高的锅炉。

2.3.3 台州市永丰纸业有限公司冷凝水余热利用案例

1. 项目概况

台州市永丰纸业有限公司创立于 2000 年，是一家专业生产挂浆瓦楞纸的民营企业，位于台州市椒江区。

公司以优质废纸为原料，生产挂浆高强瓦楞纸，主要技术装备达到国际水平，自动化程度高，整个生产过程运用 QCS、DCS 自动控制系统进行生产工艺和产品品质控制，纸张品质将得到有效保障。由于在诚信经营方面的突出表现，台州市永丰纸业有限公司连续数年荣获台州市"守合同、重信用"企业称号。公司坚持科学发展观，走循环经济之路，废纸资源综合利用，生产用水全封闭循环，实现清洁生产，以绿色环保、节能降耗、创新发展为理念，致力于创建环境友好型企业，倾力打造绿色纸业。

厂区内现有 1 条 4800mm 长网抄纸生产线及配套废纸制浆系统，日产量可达 300t/d。抄纸车间采用蒸汽进行烘干，每天用汽量在 470t 左右，吨纸耗汽量约为 1.85t，在同行业中属于中等偏高的汽耗，有必要对蒸汽烘干系统进行改造。

2. 改造内容

永丰纸业目前只有 1 条 4800mm 单网纸机生产线，生产 80～100g/m^2 挂浆瓦楞纸，设计车速 470m/min，实际运行车速 420～450m/min。生产采用目前较为成熟的工艺技术。其主要生产工艺包括制浆工艺流程和抄纸工艺流程。

其中抄纸工艺流程如图 2-34 所示。

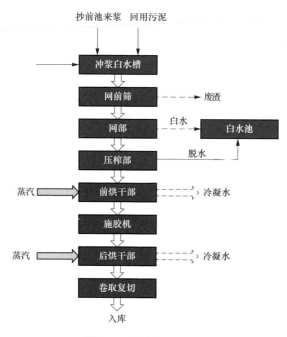

图 2-34 抄纸工艺流程

该工艺存在如下问题：①在蒸汽使用控制环节上，未采用热泵，二次汽未得到充分利用，存在蒸汽冷凝水余热浪费问题；②烘缸产生的蒸汽冷凝水全部冷却后与新鲜河水混合，用于纸机网部水针的喷射用水，未充分利用冷凝水的余热价值。

（1）改进烘缸进汽方式。企业在原项目设计时由于受投资的影响，烘缸的进汽方式采用了投资较少的单段进汽方式，但在使用过程中汽耗较高，影响企业的成本，而热泵供汽能解决这一问题。其主要原理为利用蒸汽余热余压进行二次闪蒸，提高蒸汽热量的利用率。喷射热泵供热系统主要组成部分为热泵、汽水分离罐、真空泵、冷凝水罐及压力自控阀等。该系统中的喷射式热泵是一种没有运转部件的热力压缩机，它利用工作蒸汽减压前后的能量差为动力，提高蒸汽冷凝水中产生的二次蒸汽的压力后再供生产使用，是一种高效节能设备。喷射热泵供热系统操作管理方便，运行可靠，易于操作人员掌握，目前在国内大多数的纸板机上都有采用，反映效果较好，据统计吨纸汽耗可降低 10% 左右。企业对纸机烘干部供汽方式改造，只须委托有关热泵生产厂家即可，他们可以提供整套的设备及其安装和调试，具有很好的技术可行性。

（2）冷凝水余热利用。改变烘缸进汽方式后，产生的蒸汽冷凝水仍有约 105℃，随意散失在车间里，造成车间蒸汽弥漫，工人作业环境恶化，严重时也会影响成品纸的干度，导致产品质量下降。因此急需将这部分冷凝水密闭回收，考虑到冷凝水仅仅密闭回收至清水池，未能充分利用其剩余热量，而生产上再次利用这部分低温余热比较困难，因此将这部分蒸汽冷凝水全部密闭收集后，用于冬季办公区的供暖，夏季则直接排入清水池。冬季，冷凝水首先泵送至高层，然后通过流经散热片的方式，将其余热用于加热办公区环境温度，改善办公人员工作舒适度，同时减少冬季供暖空调的使用量，达到节约用电的目的。

3. 效益分析

（1）改进烘缸进汽方式。该方案投入 50 万元，主要用于喷射式热泵设备的购置及安装。蒸汽进入烘干部时，参数为 162℃/0.65MPa，热焓值为 2760kJ/kg；改造前，排放的饱和冷凝水参数为 0.55MPa，饱和水焓为 656kJ/kg；改造后，排放的饱和冷凝水参数为 0.1MPa，饱和水焓为 417kJ/kg。则多利用的蒸汽热量为 $656-417=239$（kJ/kg），约占进烘干部蒸汽利用热量的 $239\div(2760-656)\approx 11.3$（%），根据 2022 年企业蒸汽用量 14 万 t 估算，年可节约蒸汽 1.6 万 t，按 180 元/t 蒸汽计算，则年可产生 288 万元的经济效益。

（2）冷凝水余热回收。该方案投入约为 20 万元，主要用于管道及散热片的购置与安装。该方案投入使用后，可明显提高办公区冬季温度，同时解决车间蒸汽弥漫的问题，特别是可解决成品纸堆放过程中受潮降质的问题。受影响的成品纸约占总产量的 5%，可平均提高成品售价 20 元/t，根据 2022 年成品纸产量 75680t 计算，可产生经济效益 75680×5%×20≈7.6（万元）。

（3）总结。本项目改进烘缸进汽方式和冷凝水余热回收，总投资 70 万元，年节省费用约 295.6 万元，投资回收期 0.24 年。能效提升方案汇总见表 2-17。

表 2-17　　　　　　　　　　　能 效 提 升 方 案 汇 总

提升方案名称	改进烘缸进汽方式	冷凝水余热利用	合计
节电量/(万 kW·h)	/	/	
节汽量/万 t	1.6	/	
投资额/万元	50	20	70
经济效益/万元	288	7.6	295.6
投资回收期/年			0.24

4. 项目亮点及推广价值

（1）项目亮点。综合能源项目开发的典型模式。永丰纸业项目是由综合能源公司前期对企业进行能效诊断走访中发现的节能潜力，向企业提出节能改造方案后得到企业认可，并由综合能源公司投资建设的余热回收项目，从而走出了一条从能效诊断服务，到项目开发、运行的综合能源项目新模式。

（2）推广价值。蒸汽冷凝水余热回收技术在供热、有色、化工、食品、造纸、酿酒等行业具有较高的推广使用价值。

2.3.4　台州市本立科技蒸汽余压发电项目案例

1. 项目概况

浙江本立科技股份有限公司是国家高新技术企业，专注于化工中间体领域，致力医药中间体、农药中间体、新材料中间体的研发、生产和销售，始终坚持以创新为驱动，针对化工中间体行业应用领域存在的痛点和难点，开发安全、环保和经济的合成工艺以替代传统工艺，是国内专业的专注于清洁生产的化工中间体生产企业。在研发与技术服务能力、稳定供货能力、品牌影响力等方面拥有较强的竞争优势。公司研发能力突出，自主创新能力较强，拥有多项专利及非专利技术，其中发明专利 12 项、实用新型专利 5 项，承担多项重大科研项目。2016 年相继荣获"浙江省科技进步一等奖""中国石油和化工联合会科技进步一等奖""中国产学研创新合作成果一等奖"等荣誉。

公司采用市政蒸汽满足生产蒸汽需求，进汽压力在 1.1MPa 左右，而实际蒸汽需求压力只有 0.5MPa，存在高能低用、能源品质浪费的情况。本项目采用"高能高用、低能低用、能源梯级利用"的设计原则，回收利用蒸汽余压进行发电，小时额定发电量 220kW，在保证公司蒸汽需求品质下，充分利用蒸汽压力能，不仅可以给厂区提供一路自发电备用电源，提高能源安全性，而且实现节能减排，预计年节约标准煤量约 616tce/年、年减排二氧化碳量约 1535.38t/年。

2. 改造内容

公司 2020 年净购入低压蒸汽 105019t，平均月蒸汽用量 8752t/月，平均小时蒸汽用量 12.5t/h。公司年蒸汽用量有旺季和淡季的分别，其中 1—2 月为蒸汽用量低谷期，3—8 月为蒸汽用量高峰期。全天 24h 连续生产，蒸汽用量较为连续平稳。以 2021 年 11 月 1 日—11 月 16 日为例，蒸汽历史参数如图 2-35 所示。

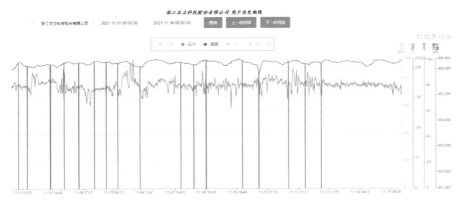

图 2-35 本立科技蒸汽历史参数

（1）设计参数选择。根据蒸汽参数分析可知，进厂区蒸汽压力为 1.1～1.4MPa，温度为 185～215℃。蒸汽进入厂区需要调压至 0.5MPa 进行使用。厂区蒸汽参数如图 2-36 所示。蒸汽进厂管道及调压装置如图 2-37 所示。

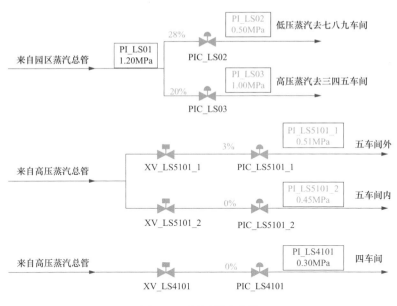

图 2-36　厂区蒸汽参数

图 2-37　蒸汽进厂管道及调压装置

（2）系统方案。本项目利用调压前的蒸汽冲动汽轮机旋转，汽轮机通过联轴器与发电机相连，带动发电机发电。蒸汽由 1.2MPa 推动汽轮机发电后，变为 0.5MPa 蒸汽，蒸汽总量不变，可以进入其他工艺使用。蒸汽余压发电流程如图 2-38 所示。

蒸汽差压利用发电系统可以避免蒸汽直接降压调压造成的蒸汽热能的浪费，将原本浪费的热能回收利用进行发电，满足厂区部分用电需求，可以节能降耗。

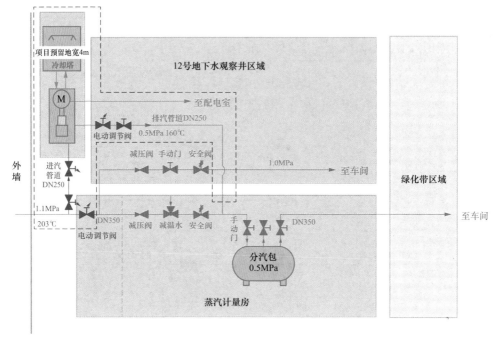

图 2-38   蒸汽余压发电流程

本次设计按照进厂区蒸汽压力 1.1MPa、温度 203℃，调压后蒸汽压力 0.5MPa，按照平均小时流量 11t/h，进行蒸汽差压利用发电系统的设计。额定进汽压力为 $1.1^{+0.3}_{-0.3}$MPa；额定进汽温度为 200^{+15}_{-20}℃；额定排汽压力为 $0.5^{+0.1}_{-0.1}$MPa；额定排汽温度为 160^{+5}_{-10}℃；平均进汽量为 11t/h；最大进汽量为 15t/h；蒸汽泄漏为＜30kg/h（可以满足进汽和排汽一致）。

按照上述参数计算各种工况发电能力为：①额定发电量 220kW（11t/h 设计蒸汽流量下）；②最大进汽发电量 300kW（15t/h 最大蒸汽流量下）；③8t/h 蒸汽流量下发电量 135kW。

（3）主要设备。包括汽轮机和发电机，其参数见表 2-18。

表 2-18 主 要 设 备 参 数

序号	设备	参数要求
1	汽轮机	背压式汽轮机；年运行大于 8000h，且保证其蒸汽泄漏率＜30kg/h； 汽轮机冷、温、热态启停次数满足汽轮机行业标准

序号	设备	参数要求
2	发电机	发电机规格：360kW； 额定电压：400V； 输出电流：648A； 额定频率：50Hz； 额定转速：1500r/min； 励磁方式：无刷、自励磁、自散热； 绝缘等级：H 级

3. 效益分析

（1）经济效益分析。本项目装机容量 220kW，按照年运行小时数 7000h 计算，每年蒸汽余压回收产生电量 1540MW·h，平均电价 0.6120 元/(kW·h)，年额定发电收益 78.54 万元（考虑 85% 的系数）。项目建设投资约 310 万，投资回收期 3.95 年。能效提升方案汇总见表 2-19。

表 2-19　　　　　　　　　能 效 提 升 方 案 汇 总

序号	项目	单位	数值
1	装机容量	kW	220
2	蒸汽余压回收产生电量	MWh	1540.00
3	建设投资	万元	310
4	平均电价（含增值税）	元/(kW·h)	0.6120
5	年额定发电收益	万元	78.54
6	项目静态投资回收期	年	3.95

注　年额定发电收益考虑 85% 的系数。

（2）社会效益分析。通过本次节能改造，每年蒸汽余压回收产生电量 1540MW·h，可减少建筑消耗标准煤量 622tce 和二氧化碳排放量 1535t，减少碳粉尘排放量 419t、二氧化硫排放量 46t 以及氮氧化物排放量 23t，节能减排效益明显；在当前国家实施"双碳"目标的大背景下，社会示范效益尤其突出。

4. 项目亮点及推广价值

（1）项目亮点。能源梯级利用。本立科技采用市政蒸汽满足生产蒸汽需求，进汽压力在 1.1MPa 左右，而实际蒸汽需求压力只有 0.5MPa，存在高能低用、能源品质浪费的情况。本项目采用"高能高用、低能低用、能源梯级利用"的设计原则，回收利用蒸汽余压，变废为宝，小时额定发电量 220kW，最大小时发电量 300kW，在保证本类科技蒸汽需求品质下，充分回收利用被浪费的蒸汽压力能，不仅可以在给厂区提供一路自发电备用电源、提高能源安全性，而且实现节能减排：预计年节约标准煤量约 616tce。

（2）推广价值。蒸汽余压发电技术适合有蒸汽余压的场合，此外，有其他余压（如天然气余压）的系统也可应用余压发电技术。

2.3.5 浙江秀舟纸业有限公司生物质气资源梯级利用项目案例

1. 项目概况

浙江秀舟纸业有限公司（以下简称"秀舟纸业"）创立于 1988 年，位于嘉兴南湖凤桥镇，占地 300 余亩，拥有国内先进造纸生产线 4 条、建有配套的厌氧及好氧综合污水处理站一座和造纸废弃物再利用生产线一条。秀舟纸业主营瓦楞纸、A 级纱管原纸生产销售等。其造纸废水产生生物质气日均约 1 万 m³，直接进行焚烧，造成了资源的严重浪费。

2. 改造内容

根据秀舟纸业沼气能源的数据情况，在秀舟纸业厂区内的空地上建设沼气发电站，共安装 3 台 700kW（两用一备）燃气内燃机发电机组，总运行容量为 1.4MW。电站内配套沼气输送、净化系统、冷却循环系统、余热利用系统、变配电系统及其他辅助生产系统，部分设备如图 2-39 所示。

图 2-39 秀舟纸业沼气发电系统实物图

沼气输送敷设 1 条 DN150 燃气输送总管，沼气气罐出口压力约为 5kPa；净

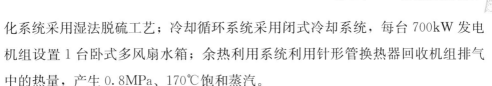

化系统采用湿法脱硫工艺；冷却循环系统采用闭式冷却系统，每台700kW发电机组设置1台卧式多风扇水箱；余热利用系统利用针形管换热器回收机组排气中的热量，产生0.8MPa、170℃饱和蒸汽。

3. 效益分析

项目预计年发电量约为1080万kW·h，预计年营收约为450万元。每年节约标准煤约4363tce，减少二氧化碳排放量约10768t，减少二氧化硫排放量约324t，减少氮氧化物排放162t，减少烟尘排放2938t。回收余热产生0.8MPa、170℃饱和蒸汽800kg/h，供秀舟纸业使用，对企业低碳发展意义重大。

4. 项目亮点及推广价值

（1）项目亮点。

1）该项目由嘉兴综合能源公司独立开发，是系统省内首个沼气资源综合利用项目。

2）利用企业原空烧生物质气进行发电，同时产生的余热进行回收供秀舟纸业使用。不仅唤醒了沉睡的海量资源，对废弃资源加以利用，而且做到了资源的梯级利用，实现了资源利用最大化，提高了能源利用效率，做到了"吃干榨尽"。

3）创新商业合作模式。建立战略互融、共赢共担新型合作开发模式，采用第三方融资建设运营，综合能源技术支撑，探索市场化能源服务商业新模式。

4）作为首个完全自主挖掘开发，并将实际长期运营的沼气资源综合利用项目。在行业推广及应用方面积累了非常宝贵的经验，为下一步嘉兴公司在属地开展该类业务产业集聚做了非常好的示范，同时为多网融合高弹性电网提供有力支撑，丰富综合能源公司负荷聚合商内涵。

（2）推广价值。生物质气发电项目的推广可以借鉴秀舟纸业沼气资源梯级利用项目的建设经验，将有些企业原本空烧的生物质气发电项目进行再利用发电，同时还能将产生的余热供给企业所使用。

嘉兴综合能源公司以秀舟纸业沼气发电项目的经验，对生物质气发电项目进行了进一步的推广，同嘉兴市绿能环保科技有限公司共同开发了0.6MW餐厨垃圾沼气发电项目、南湖污水1.6MW生物质气发电项目、港区工业污水1.2MW生物质气发电项目，同时与平湖生态能源餐厨沼气项目签订了前期框架协议，形成一批有规模、可推广的示范项目。

2.4 企业能耗智控平台能效提升技术及案例精选

2.4.1 背景介绍

世界各国如今面临着关键的能源抉择，而这些抉择对未来的很多年都具有重大的影响。经济的快速发展前提之一，是造成许多不可再生能源的损耗。除此之外燃烧和损耗大量化工及石油资源，也造成了对大气环境的严重威胁，同时也威胁到了子孙后代及受到不利影响的地区与国家人民的生计。

据统计，全球能源使用量的 1/3 被工业生产所消耗。在美国，工业用能占全年总能耗的 31%；在中国，工业用能占全年总能耗的 75%；在印度，工业用能占全年总能耗的 68%。此外，在未来 20 年里，化石能源消耗量预计将高达 44%，尤其是在新兴国家和发展中国家。这当然意味着温室效应、能源缺失危机、工业污染严重等，现今已存在的问题将达到前所未有的严重程度。为了避免这一过程中，各国已经通过一系列措施限制工业能源的使用，并且将采取了提高企业能源高效率利用的各类举措，确保工业生产通过提高效率和生产力达到经济和环保最好的平衡效果。企业能耗智控平台的建设对提高能源利用效率，同时满足经济发展和环保要求有很大的促进作用。

企业能耗智控平台是指企业在生产生活中通过电力电网达到监测、控制和优化传输性能的计算机辅助工具的系统。能耗智控平台还可提供能耗监测，辅助能耗监测和监控功能，让设备和建筑管理人员收集数据和洞察，使他们能够做出关于能源活动更明智的决策。

企业能耗智控平台能够充分挖掘、科学分析和有效利用收集起来的用能数据，打破数据孤岛，将先进的企业管理理念与信息化集中管理手段充分融合。大力推广企业能耗智控平台技术很有必要。

能耗智控平台是指采用自动化、信息化技术和集中管理模式，对企业能源系统的生产、输配、消耗和回收环节实施集中扁平化的动态监控和数字化管理，改进和优化能源平衡，实现系统性节能降耗的管控一体化系统。就系统结构而言，能耗智控平台充分利用工业企业的电、气、水等能源信息，利用大数据技

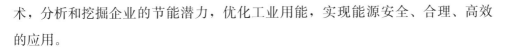

术，分析和挖掘企业的节能潜力，优化工业用能，实现能源安全、合理、高效的应用。

2009 年，财政部、工业和信息化部联合发布了《工业企业能源管理中心建设示范项目财政补助资金管理暂行办法》的通知，明确了为加快推进工业化和信息化融合，提高工业企业能源管理水平和能源利用效率，推动工业企业节能减排，财政部、工业和信息化部决定，在工业领域开展能源管理中心建设示范工作，中央财政安排资金对示范项目给予适当支持。在此背景下，工业企业能耗智控平台的建设进入了快车道。能耗智控平台能够帮助企业自动地控制生产系统和提供智能优化策略，帮助企业更加合理地管理和优化能源。在基于大数据的背景下，利用数学模型，对能源结构中的节能潜力进行挖掘，目前已经应用于建筑、地铁站、汽车等领域。对于很多自动化程度较高的工业企业，工业生产过程已经建成了完善、全面的在线实时数据采集、监测和控制体系，这为能耗智控平台的建设提供了较好的基础。就国外而言，作为全球能效管理专家，施耐德自主研发了 EnergyMost（云能效）能源管理开放平台。该平台具有云架构系统特点、大数据的系统设计思路，在初期部署、后续运维投入、大规模数据接入、广域分布式数据扩展、易用性和能源管理专业性方面较好。全新开发的云能效 TM 能耗智控平台是一款针对中国市场的企业能耗智控平台，除对传统的水、电、气、热等多种能源介质综合管理，分项能耗 KPI 展示与行业对标，设备能耗分析，节能潜力挖掘等功能外，云能效平台还可以托管形式提供服务。

就国内而言，能耗智控平台已经广泛应用于广东、北京、江苏、浙江、山东等地方。比如，广州博依特智能信息科技有限公司（以下简称"博依特"）自主研发的能源管理信息云平台（POI-EMS）是我国轻工行业中实际应用中的典型案例，已在高能耗的造纸、陶瓷、水泥、玻璃、食品等行业的 70 多个大中企业中应用，2015—2017 年，企业应用博依特研发的能源管理云平台（POI-EMS）后，共实现直接经济效益近 18 亿元，节约 56 万 t 标准煤，减少碳排放 145 万吨。另外，该公司正在探索大型集团企业的智能制造规划和实施试点。与此同时，上海安科瑞电气研发的 Acrel-5000 能耗分析管理系统，以系统远程局域网传输等方式，准确及时地进行能耗数据采集，最终达到可视化数据分析和在线能耗管理的效果。不得不承认，企业能耗智控平台的开发与应用，在我国

71

仍处于初级发展阶段，一些存在的问题还没有得到充分解决，如：企业生产中能源数据的采集及计算方式非常复杂，准确性和及时性都不能彻底保证；数据传输时，会有网络间断等不稳定因素存在；系统的后期维护工作也不够完善。

2.4.2　能效提升技术原理

企业能耗智控平台掌握了企业能源相关的数据，包括资源、费用和控制点等，将这些数据整合到企业的数据仓库，并提供给平台，使得延展工具可便捷地访问数据并获得可操作的信息。企业能耗智控平台使数据驱动的信息变得可视化、实用化，因此，终端用户能够只用之前执行方法的百分之一（甚至更少）的时间来完成，执行深入的诊断、工程分析和监测等任务。在传统的设施管理之外，高效广泛的控制信息平台，企业能耗智控平台的关键信息分别提供给专业的设备负责人，财务人员和执行管理人。

一个理想的企业能耗智控平台需要把 5 个简单但至关重要的原则作为基础：①将相关能源数据集中整合到一个数据仓库；②收集的数据是归一化和结构化的；③访问数据可交互，实现方便地、可操作地信息提炼；④系统可进行简单地衡量和验证对比结果；⑤系统提供可用于数据收集的平台，实现符合相关信息行业标准的数据整理、分析和文档输出。

一个企业能耗智控平台的范围要比普通的建筑能源系统广泛得多，它提供了数据的一个平台，可实现收集，数据访问，诊断和监控能力，历史数据仓库等大量的能源相关操作。同样，企业能耗智控平台不是一个用来计费的系统，虽然它包括了计费计算和仪表数据等部分，但主要是提供直接连接的计费信息，来延伸相关运营数据的作用。

1. **总体设计原则**

企业能耗智控平台是以能耗监测设备管理为核心的企业能耗监测管理系统，可以帮助企业实现能耗监测管理的科学化、规范化。软件提供了完善的能耗监测设备台账管理，并具有检测周期到期报警、检测校准管理、提醒设置、到期查询、设备到期邮件提醒、检测通知管理、能耗监测状态分类管理、维修管理、借用管理、设备分类管理、年度检测计划、检测通知、文档管理、能耗监测工作统计分析、能耗监测人员管理、数据导入导出、自定义设备台账项目、培训管理、按部门统计设备数量、检测结果统计、设备自动编号，检测费用统计，全方位的实现了能耗监测设备的信息化管理，实现了能耗监测设备的动态管理、能耗监测设备的及时检测校准，避免了漏检，工作人员可以提前了解工作量，并可及时方便查看设备整个生命周期中所有轨迹，实现了能耗监测设备的溯源管理、动态管理，全面提高了能耗监测工作的工作效率，保证了能耗监测工作的及时性、完整性、有效性，特别适合于企业生产和管理的需要。其总体设计原则要符合以下几点。

（1）实用性原则。平台选用的软硬件、网络系统要从企业的实际出发，利用现有资源，整合先进技术，既不能脱离企业的业务应用，也不超出承受能力。

（2）开放性原则。平台建设应走开放性的道路，即无论是企业的接口，还是数据库管理系统选择，以及操作系统，网络环境的选择，都需要考虑是否具有开放性，以减轻系统日常维护负担，便于系统的扩展。

（3）安全可靠性原则。该平台一旦投入使用，关系到企业的工作能耗监测设备信息、标准能耗监测设备信息、设备检测、溯源信息，因而要求系统具有很高的安全性、可靠性，不能因为局部问题而影响系统全局，应长期保证高比例的数据恢复能力，并在数据传输接口方面，满足不同条件下的安全性与保密性要求。

（4）扩展性与灵活性原则。保证在不同时期随着系统整体的不断发展，数据库积累数据不断增加，能够实现系统升级的平滑过渡，不能因系统扩充、升级而影响或中断平台的正常运行。

（5）先进性原则。在不脱离实际的前提下，使平台具备应用新技术的能力，采用具有当代国际先进水平的计算机技术，使平台具备不断容纳新技术的能力，在较长时间内保持一定的先进性。

（6）标准化原则。平台设计过程、总体设计、业务处理流程一定要规范化、标准化，各种技术指标、业务指标有国际标准的按国际标准做，有国家标准的按国家标准做，要高度统一，并要不失灵活，最大限度地考虑企业的实际情况。

（7）高性价比原则。平台除了要求具有优良的性能外，还要考虑经济与价格。因此，不一定价格最高的就一定是最适合的。在做出产品选择的决策时，应该在满足目标要求的条件下，使其具有尽可能高的性价比，力求在花同样多的钱实现尽可能高的性能。

2. 数据库设计

数据库设计是建立数据库及其应用系统的核心和基础，它要求对于指定的应用环境，构造出较优的数据库模式，建立起数据库应用系统，并使系统能有效地存储数据，满足用户的各种应用需求。一般按照规范化的设计方法，常将数据库设计分为系统规划阶段、需求分析阶段、概念设计阶段及系统实施阶段等若干阶段。

系统规划阶段主要是确定系统的名称、范围，确定系统开发的目标功能和性能，确定系统所需的资源，估计系统开发的成本，确定系统实施计划及进度分析，估算系统可能达到的效益，确定系统设计的原则和技术路线等。对分布式数据库系统，还应分析用户环境及网络条件，从而选择和建立系统的网络结构。

需求分析阶段要在用户调查的基础上，通过分析，逐步明确用户对系统的需求，包括数据需求和围绕这些数据的业务处理需求。通过对组织、部门、企业等进行详细调查，在了解现行系统的概况、确定新系统功能的过程中，收集支持系统目标的基础数据及其处理方法。

概念设计阶段要产生反映企业各组织信息需求的数据库概念结构，即概念模型。概念模型必须具备丰富的语言表达能力、易于交流和理解、易于变动、易于向各种数据模型转换、易于从概念模型导出有关的逻辑模型等特点。

系统实施阶段主要分为建立实际的数据库结构，装入试验数据对应用程序进行测试，装入实际数据建立实际数据库3个步骤。

另外，在数据库的设计过程中还包括一些其他设计，如数据库的安全性、完整性、一致性和可恢复性等方面的设计，不过，这些设计总是以牺牲效率为代价的，设计人员的任务就是要在效率和尽可能多的功能之间进行合理的权衡。一个好的数据库产品不等于就有一个好的应用系统，如果不能设计一个合理的数据库模型，不仅会增加客户端和服务器程序的编程和维护的难度，而且将会影响系统实际运行的性能。一般来讲，在一个系统分析、设计、测试和试运行阶段，因为数据量较小，设计人员和测试人员往往只注意到功能的实现，而很难注意到性能的薄弱之处，等到系统投入实际运行一段时间后，才发现系统的性能在降低。

目前使用非常广泛的 SQL Server 是由微软公司推出的关系数据库。基础版本适用于中小型企业的数据库管理。SQL Server R2 是基于 SQL Server 数据库的升级版本，既继承了可靠高效的特点，又进行了大量新的改进，包含了应用程序和多服务器管理、复杂事件处理、主数据服务及最终用户报告等方面的新功能和增强功能。尤其对于公司内部系统的开发，在数据量百万、千万级的规模下，还是能够良好适用的。

3. 软件开发环境

MVC 设计模式与 ThinkPHP 框架组合成的整体架构和开发过程中采用的敏捷开发模式将对整个系统起到至关重要支持作用。MVC 是一种当前非常流行的软件设计架构模式，它将一个给定的软件应用程序划分为多层互相连通、可交换信息的部分，其模型机制如图 2-40 所示。

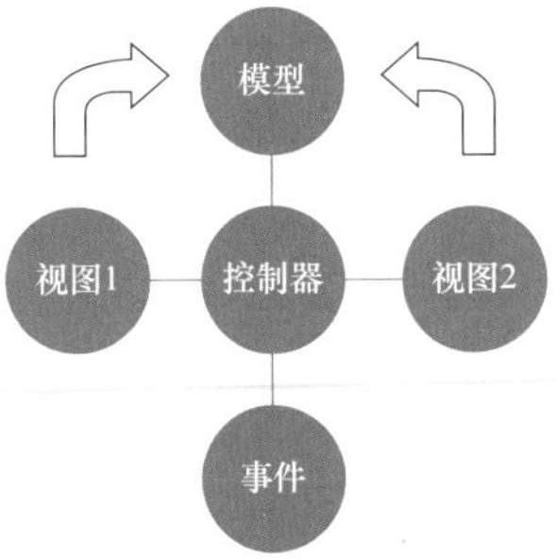

传统的 MVC 设计模式实际上是将应用程序的输入、处理和输出强制分开，使各部分各自处理自

图 2-40   MVC 模型机制

己特定的任务。这种分层的结构非常有助于开发和管理大型复杂的应用程序，不但有利于开发和测试阶段提高效率，更使得项目代码清晰，可更好地进行后期的维护和扩展。

结合 MVC 设计模式和 ThinkPHP 框架的系统架构是大型企业能源管理分析平台的最佳选择。基于它的诸多开发优势，这种架构模式被广泛地应用。

4. 其他关键技术

大型企业能源管理分析平台的开发技术主要包括 ThinkPHP 框架、前端涉及的 JQuey 技术、HTML5.0 标准规范、Ajax 技术以及后台所选择的企业级数据库。

（1）ThinkPHP 是一个快速、兼容且简单的面向对象情景级 PHP 开发框架，遵循 Apache2 开源协议进行发布。它包含了底层架构、兼容处理、基类库、数据库访问层、模板引擎、缓存机制、插件机制、角色认证、表单处理等常用的组件，并且有方便于跨版本、跨平台和跨数据库移植的功能设置。对平台项目的应用开发来说是一套非常完善的解决框架方案。

（2）JQuey 是一个免费、开放源代码的跨平台 JavaScript 库，使用 MIT 许可协议，主要功能是简化 HTML 的客户端脚本。JQuey 是目前最流行的集 DOM、JavaScript 和 CSS 等功能于一体的优秀框架。

（3）HTML5.0 是当前 IITML 标准的第五个版本，用于呈现万维网的语言结构和内容。它不仅归入了 HTML4.0，还有 XHTML1.0 和 DOMLevel2.0 的功能。HTML5.0 的出现成为万维网技术中一个标志性的里程碑，也是目前最流行的引擎布局支持。在开发过程中，如果熟练地利用 HTML5.0 标准规范的创新内容，可以帮助开发者快速建立网页结构，更好地完成开发工作。

（4）Ajax 所指并非一项技术，而是一组技术。Ajax 是一组 Web 开发技术，用于在客户端创建异步 Web 应用的 Web 开发技术。通过 Ajax 技术，Web 应用可以向服务器发送数据或从服务器中检测数据而不干扰现存页面的行为。通过从表层解决数据交换层，Ajax 允许的网页和扩展 Web 应用程序，动态地改变页面内容而不需要重新加载整个页面。有时，Ajax 中并非必须使用 XML，请求也不需要异步进行。

2.4.3 头门港典型"供电+能效"服务示范工程案例

1. 项目概况

目前台州头门港园区高压用户共计 545 家，上市企业 10 家、国家级高新技术企业 19 家，规模以上企业 117 家，并逐步形成以医药化工和汽车制造（吉利）两大产业以及相关配套产业。根据对头门港规划区终端用能情况的调研，现状主要用能形式包括电力、燃油、天然气、热力（蒸汽）等类型，主体以电力和蒸汽为主。2020 年头门港工业园区售电电量为 14.06 亿 kW·h，园区内分布式光伏容量共 47.48MW，热电厂为化工园区集中供热。

依据统计分析，头门港 20kV 用户中，以机械配件制造为主的金属制品用户有 56 家，户均合同容量为 1227kVA；其次医药制造行业有 29 家，户均合同容量较大，达到 5765kVA；再次化工行业数量为 21 家，户均合同容量 3989kVA。头门港经济开发区多元融合高弹性电网规划区域最大负荷为 222.42MW。

开发区现状用户电力需求主要由城市中低压配电网满足。区内共有 110kV 变电站 3 座，20kV 中压线路 52 回，20kV 配电变压器 532 台。此外，利用工业

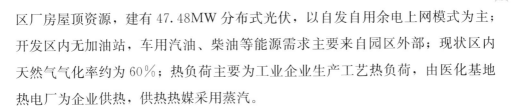

区厂房屋顶资源，建有 47.48MW 分布式光伏，以自发自用余电上网模式为主；开发区内无加油站，车用汽油、柴油等能源需求主要来自园区外部；现状区内天然气气化率约为 60%；热负荷主要为工业企业生产工艺热负荷，由医化基地热电厂为企业供热，供热热媒采用蒸汽。

2. 改造内容

建设"供电＋能效"客户服务与能效提升体系，主体建设内容是建设园区级、企业级、设备级三级用能采集网络。

目前头门港工业区分南洋片区和北洋片区两大主要产业区块，以及上盘片区、白沙湾片区等辅助产业区块。高压用户共计 545 家，上市企业 10 家、国家级高新技术企业 19 家，规模以上企业 117 家，并逐步形成以医药化工和汽车制造（吉利）两大产业以及相关配套产业。医药化工产业总计约有 210 个冷冻机，112 台空压机设备。

园区级用能采集，主要针对头门港工业园区各企业水、电、气、热关口新装用能计量终端或改造对接现有测量设备。企业级用能采集，主要选取医药化工、机械制造典型企业 6 家，用能采集测点向企业厂区分支侧延伸，或与企业现有能源管理系统对接采集各种能源数据，为企业能效分析诊断提供基础。设备级用能采集和能效感知数据采集，主要针对医药化工行业典型高耗能设备：冷冻机、空压机。完成 2 家医药化工示范企业中的 11 台冷冻机（3 套系统），7 台空压机（2 套系统）运行监测、设备及系统的能效分析诊断。

（1）总体架构。国网浙江台州供电公司头门港典型"供电＋能效"服务示范工程用能采集网络对头门港工业园区企业的生产、输配和消耗环节实行集中扁平化的动态监控和数据化管理，监测企业电、水、燃气、蒸汽及压缩空气等各类能源的消耗情况，系统可分为感知层、传输层及云服务层 3 层。用能采集网络总体架构如图 2-41 所示。

（2）数据采集方案。

1）园区级。园区级用能全感知，针对头门港工业区企业用户侧用电关口。布置前置接口服务器，数据来源临海市工业经济运行大数据监测服务平台。针对头门港工业区供气系统，现有 81 家企业已安装带 modbus 通信接口的燃气计量装置，可通过加装工业物联网关将数据传输至云平台。头门港工业区其他的供水、供气、供热系统，通过各系统能源数据转发方式，调用各系统平台提供的各 Restful 数据接口服务后，可达到与泛台州港工业区平台无缝接入的目的，如果系统能源数据无法对接，则提供数据人工录入通道获取供水、供气、供热能源数据。园区级用能采集方案配置 1 台接口服务器和 1 台网络交换机、81 台工业物联网网关。园区级数据采集方案如图 2-42 所示。

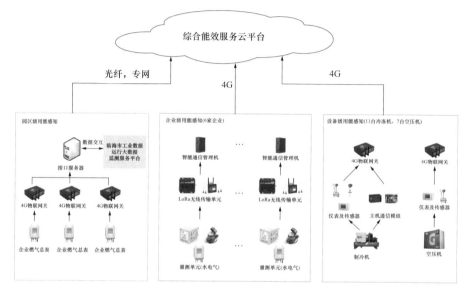

图 2-41　用能采集网络总体架构

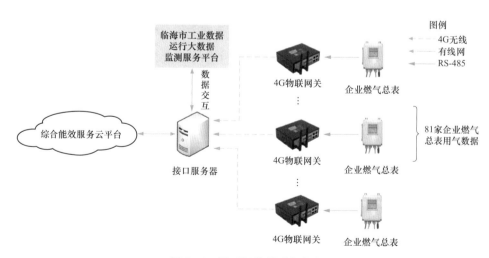

图 2-42　园区级数据采集方案

2）企业级。企业级用能全感知针对头门港工业区目前医药化工行业 6 家典型企业，按"一户一策"方针，制定企业级用能采集方案。通过智能仪表等采集终端采集水、电、气、热多种能源消耗相关数据。通过 LoRa 数传电台传输汇聚至智能通信管理机，再通过 4G 移动网络传输到云平台。也可以对接企业能管系统数据接口，获取相关数据。企业级用能采集方案如图 2-43 所示。

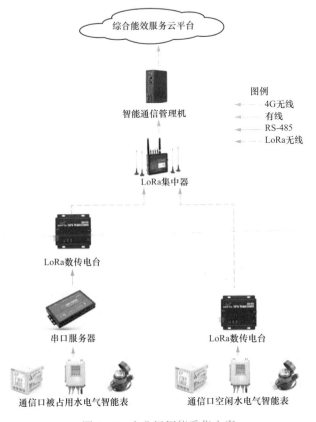

图 2-43　企业级用能采集方案

3）设备级。设备级用能采集，主要针对试点企业永太科技二厂区内 8 台冷冻机和 3 台空压机以及海州制药北厂区 3 台冷冻机和 4 台空压机通过采集设备用电量，制冷（制气）量，温/湿度等数据，完成设备能效计算。

a. 冷冻机。冷冻机是指一种用压缩机改变冷媒气体的压力变化来达到低温制冷的机械设备。为进行冷冻机的能效评估，常用的方式有：①利用现场设备的运行记录和用能记录进行能耗基准值的测算，并进行负荷模拟和控制策略模拟方式推算节能潜力；②通过现场加装传感器、流量计、压力计等计量设备进行测量统计分析或者通过通信板读取 PLC 内的设备监测信息。考虑到数据的准确从而更具说服力，采用加装测量仪表的方式和通信的方式更为可行。由此确定能耗基准和节能潜力评估。

冷冻机监测方案如图 2-44 所示。

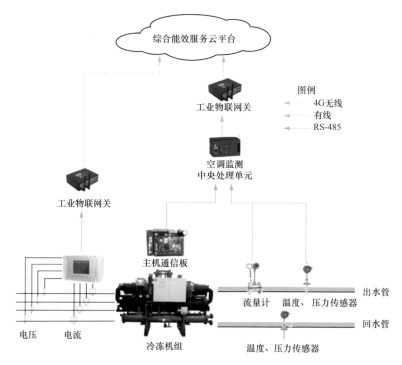

图 2-44　冷冻机设备监测示意图

永太科技二厂区现有 5 台 1148kW 高压螺杆式制冷机和 3 台 400kW 低压螺杆式制冷机组，为全厂 11 个车间提供制冷。海洲制药现有 3 台 400kW 低压螺杆式制冷机组，为北厂区 4 个车间提供制冷。

b. 空压机。压缩空气系统是过程工业不可或缺的重要动力源之一，耗电量约占全国总用电量的 9.4%，占工厂总用电量的 15%～35%。我国目前压缩空气系统普遍存在高能耗、低效率现象，能源浪费现象严重，具有 10%～50% 的节能潜力。空压机系统能源成本占总费用的比例高达 90% 以上。

空压机在线监测系统通过工业物联网技术及大数据处理技术，以云端服务器为核心，通过采集空压机和气体管网能效数据，实时监测空压机耗电量和产气量的同时将数据上传至云服务平台上，分析出单台空压机瞬时比功率和单位耗能，用以推进项目进度或监测项目现场设备运行状况，对监测时发现

的异常问题及时作出反应，挽回客户损失。空压机设备监测方案如图 2-45
所示。

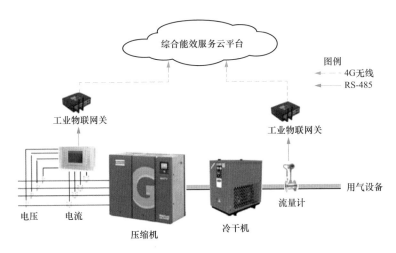

图 2-45　空压机设备监测方案

永太科技二厂区现有 2 台 110kW 螺杆式空压机和 1 台 160 kW 螺杆式空压
机，向生产设备提供仪表空气。海州制药北区现有 4 台 110kW 螺杆式空压机，
为北厂区提供压缩空气。

3. 效益分析

（1）电网公司层面。为用户服务管理、节能项目挖掘、售电预测服务、负
荷聚合、需求响应等综合能源服务提供大数据支撑，培育新的利润增长点和市
场业态，提升服务能力和市场竞争力。实现"供电＋能效"服务平台类似功能
的企业能源管理系统，企业付出的成本平均在 20 万元，台州现有规模以上企业
5000 家，将"供电＋能效"服务示范工程在全市范围推广，按 10%～20% 的市
场转化率计算，市场规模达到 2 亿元。

（2）企业层面。通过对用户进行用能监测、能耗分析、评估诊断、能源运
维等方面的能效管控服务，提升用能管理效率，为用户降本增效提供信息数据
支撑，有效减少企业的用能成本和投资成本。同时通过工业互联网建设，为企
业生产和控制赋能，提升企业数字化和智慧化水平，实现提质增效。

4. 项目亮点及推广价值

（1）通过对园区内企业能源设备的数据收集，实时掌握企业用能情况，同时通过对企业重点用能设备的能效诊断分析，指导并协助企业进行能效提升，减少碳排放，实现能源"双控"目标，助力浙江省清洁能源示范省建设和"双碳"目标实现。

（2）通过项目实施，实现工业联网、能源互联网的"双向联结"，实现工业制造水平和能源利用效率的"双提升"，有助于探索创新驱动发展战略的新路径，为园区先进制造业发展注入强劲动力，同时打造头门港经济开发区智能制造、智慧能源的"双智名片"，为实体经济转型升级赋能、提效。可为台州"台州制造"向"台州智造"升级转型提供示范引领作用。

（3）助力公司打造"新时代国家电网全面展示具有中国特色国际领先的能源互联网企业的重要窗口"经验探索；丰富营销服务内容，提升用户黏性，并全面开拓"供电＋能效"综合能源服务新模式，增强公司品牌效应，树立良好社会形象。

（4）提升营商环境，有利于助推政府改革、产业升级、全面开放，更有利于提升区域竞争力，形成以经济生态和商业机会吸引客商的良好环境。

2.4.4 浙江铭岛铝业有限公司企业用能管理方案

1. 项目概况

浙江铭岛铝业有限公司（简称铭岛铝业），是吉利科技集团旗下全资子公司，是集科研、加工、制造、经营为一体的创新型企业。公司主要生产工模具中厚板、消费电子料、高压阳极氧化不粘锅用铝板、装饰带材、镜面铝、高强轻质铝镁箱包、高强高韧轻质铝合金轮毂等产品，已形成电解铝——铝合金板带箔——铝合金板带箔深加工制品——汽车零配件等完整的生态产业链。公司总资产81多亿元，员工1500多人，目前为华东地区规模较大、发展速度较快的铝板带箔加工企业。

经现场沟通调查，铭岛铝业7个厂房（1、3、5、6、8、9、11号厂房）需采集用电数据，涉及厂房如图2-46所示。

铭岛铝业已有一套电力监测系统，对3、8、9号厂房共336个点位（预计50个电能表损坏）数据进行监测。11号厂房共32个点位，已安装多功能智能电能表，电能表带RS-485通信接口。1、5、6号厂房共231个点位，均为老式不带通信的电能表。

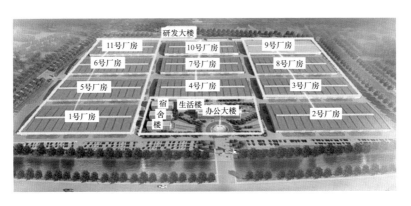

图 2-46　铭岛铝业涉及厂房

2. 改造内容

用户现有一套电力监测系统在运行（3、8、9 号厂房用电数据共 336 个点位已接入系统，预计 50 块电能表损坏）。

在不影响现有监控系统正常数据采集的前提下，进行相关改造，将现有系统数据同时接入智慧公司能源管理平台。目前 3、8、9 号厂房数据由通信管理机通过 RS-485 接口采集多功能电能表数据，送至交换机汇总后上传至现有电力监测系统。可通过增加 RS-485 共享器和工业物联网关，实现电力监测系统和工业物联网关同时采集 3、8、9 号厂房的电量数据，由工业物联网关通过 4G 网络将数据上传至智慧公司能源管理平台。

11 号厂房共 32 个点位，已安装智能电能表，表计带 RS-485 通信接口，且接口均已连接通信线至抽屉柜内二次插接件，并最终接至开关柜背面端子排。因此，原则上无需额外加装智能电能表，只需增加工业物联网关，通过 4G 将数据送到云平台。

1、5、6 厂房共 231 个点位，均为老式普通电能表，需加装或更换为智能电能表，将数据送入工业物联网关，由工业物联网关通过 4G 网络将数据上传至智慧公司能源管理平台。

3. 效益分析

通过对用户进行用能监测、能耗分析、评估诊断、能源运维等方面的能效管控服务，提升用能管理效率，为用户降本增效提供信息数据支撑，有效减少企业的用能成本和投资成本。同时通过工业互联网建设，为企业生产和控制赋能，提升企业数字化和智慧化水平，实现提质增效。

4. 项目亮点及推广价值

通过项目实施，实现工业联网、能源互联网的"双向联结"，实现工业制造水平和能源利用效率的"双提升"，有助于探索创新驱动发展战略的新路径，为先进制造业发展注入强劲动力，为实体经济转型升级赋能提效。

2.4.5 海德曼沙门智能智造产业园智慧工厂项目

1. 项目概况

浙江海德曼智能装备股份有限公司成立于 1993 年 3 月 17 日，致力于现代化"工业母机"机床的研发、设计、生产和销售，是一家专业从事数控车床研发、设计、生产和销售的高新技术企业（见图 2-47）。企业产品定位"对标德日、替代进口"，现有高端数控车床、自动化生产线和普及型数控车床三大品类、二十余种产品型号，主要应用于汽车制造、工程机械、通用设备等行业领域。

浙江海德曼智能智造产业园投资 2.7 亿元，建筑面积 7.5 万 m^2，是国内一流、国际先进的高端数控机床智能智造产业基地。本项目运用云服务、边缘计算和物联网技术，实现企业产业园数字化、照明设备智能化控制，提升工厂能效管理水平。

图 2-47 海德曼沙门智能智造产业园

2. 改造内容

本项目通过智慧公司企业用能管理系统，实现工厂数字化、照明设备智能化控制，企业能效得到进一步提升。

（1）工厂数字化。

实时监测生产车间各个生产线能耗情况（水、电、水蒸汽、天然气），并传输至云端服务器，接受云端的 AI 计算结果。根据 AI 专家级诊断月报，包含工厂能耗等级评定、单耗对比，全面了解工厂运行状态及改善点。工厂数字化驾驶舱如图 2-48 所示。

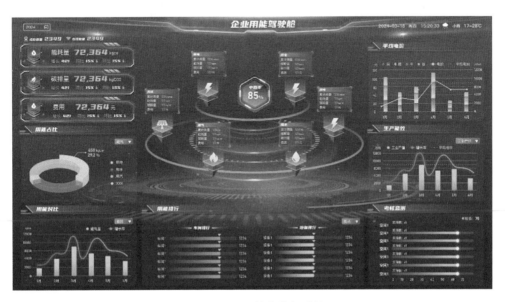

图 2-48　工厂数字化驾驶舱

（2）智能化控制。

1）厂房照明设备智能控制机制。

优化开启策略：根据各组开工情况，智能匹配开灯时间。

自主调节：采用通信控制，可实现照明远程开关，减少照明虚开。

2）风扇智能控制机制。

支持计划开关：支持自定义启停时间，按照计划时间开启和关闭风扇。

自主调节：采用通信控制，可实现风扇远程开关，减少风扇虚开。

3. 效益分析

采用智慧公司企业用能平台对能耗进行实时监测后，以数字化为驱动力，排查主要能耗、识别跑冒滴漏，提升精细化管理效率。

节能点 1：优化峰谷用电排班，目前预估优化峰电减少 5% 比例，按企业年用电 400 万 kW·h，峰电上调 50%，谷电下浮 50% 计算，每年费用可减支：

图 2-49　照明及风扇控制界面

$400×5‰×0.673=13.46$（万元）。

节能点 2：减少人工抄表人工时，按 1 人每天抄表耗时 2 小时，人工费 700 元/人天计算，每年费用可减支：$2×300×700/24=1.75$（万元）。

对照明风扇等设备实行智能策略控制后：

节能点 3：按每盏灯 200W，每个回路 10 盏灯，每组 16 个回路，每天节约 3 个组照明用电，每天节约 2 小时，每年可省电：$0.2×10×16×3×2×300=5.76$ 万（kW·h）；按 0.673 元/（kW·h）电价计算，每年可减支 $0.673×5.76=3.88$（万元）。

节能点 4：按每个风扇 1.5kW，每个回路 3 台风扇，每组 1 个回路，夏天每天节约 3 组风扇用电，每天节约 2 小时，每年可省电：$1.5×3×1×3×2×300/4=0.2$ 万（kW·h）；按 0.673 元/（kW·h）电价计算，每年可减支 $0.673×0.2=0.13$（万元）。

4. 项目亮点及推广价值

企业能耗实时监测，能全面摸清用能黑匣子，监控跑冒滴漏，并为生产排班、节能管理策略制定提供科学依据；对于整体能耗掌控有了更好的抓手，节约了大量人力资源，减少劳动成本。对照明风扇设备进行智能管控，使设备处于高效运行状态，节能的同时也提升了设备的使用寿命。

第3章　农业领域能效提升技术

目前，低碳经济的发展主要集中在工业领域，忽略了在农业领域发展低碳经济的重要性。事实上，直接作用于自然环境的农业生产活动，已成为温室气体的重要来源。因此，农业发展同样面临着固碳、节能、能效提升等压力。据联合国政府间气候变化专门委员会（IPCC）估算，农业温室气体排放在全球温室气体排放总量中所占的比例大于整个运输业所占的比例，约占全球温室气体排放量的14%。全球陆地生态系统中约储存了2.48万亿t碳，其中1.15万亿t碳储存在森林生态系统中。据研究表明，林木每生长$1m^3$，平均吸收1.83t二氧化碳，放出1.62t氧气，全球森林对碳的吸收和储量占全球每年大气和地表碳流动量的90%。

农业领域的能效提升是低碳经济在农业中的实现形式，是转变农业发展方式，实现农业可持续发展的重要内容，是当前应对气候变化、缓解资源能源约束的新的农业发展方式。近两年，很多国家都对农业节能减排、能效提升做了许多有益的探索。美国国际集团（AIG）在2007年注资400万美元与我国新疆、四川农业碳减排项目，我国部分省份也在这方面取得过一定的成效。随着低碳经济在各个领域的推进，低碳经济在农业中的发展受到越来越多的关注。提升农业领域的能效，减少农业温室气体的排放量，改善农业资源环境，日益成为各国农业工作的重中之重。

3.1　空气源热泵烘干节能技术及案例分享

3.1.1　背景介绍

《中国制造2025》提出绿色制造、制定了绿色企业标准体系。中国绿色发展的重点工作之一是推动资源的节约。当前，政府对散煤燃烧产生的环境污染愈加重视，对改善大气质量的要求越来越严，空气源热泵作为一种利用空气能将热量从低位热源空气流向高位热源的新节能装置，目前已被广泛应用于采暖、生活热水及工农业烘干等多个领域。

物料的干燥烘干过程在整个耗能过程中占了很大一部分比例，据不完全统计，烘干所消耗的能量占全国总能耗的10%左右，而热量的有效利用率不足总热量的一半。我国是全世界水果、蔬菜等农产品产量最高的国家之一，大多农产品非常重要的一个处理环节就是烘干处理。相比于一些发达国家，我国农产品干燥技术落后，2015年之前，大部分烘干机械使用的热源以煤为主，经粗略估算，干燥过程一年消耗0.15亿～0.3亿t标准煤，煤炭燃烧后放含硫氮气体过高，干燥过程中的能耗高，烘干品质却不高；烘干室内的热湿环境不容易被控制，温湿度均匀性较差，而且不断补入的新空气中含有大量的氧气，从而使得烘干产品发生氧化及酶促反应，导致被烘干的物料的色泽、香气及营养物质等被破坏和流失，从而使烘干产品的品质不能得到保证。相比于传统的热风干燥，热泵烘干技术具有能源消耗少（1 kW最高可以产生5 kW以上的热量）、不污染环境、烘干品质高、适用范围广、安全可靠等优点，热泵烘干技术近年来发展非常迅速，尤其在农产品加工、药材、食品等烘干领域已经被广泛应用。

在全世界能源越来越紧张，石油、天然气等燃料价格不断创历史新高的形势下，物料烘干的热能利用率如何提高，在确保物料烘干质量的前提下，如何降低烘干成本，已成为烘干行业节能技术研究的重要方向。

3.1.2 能效提升技术原理

1. 空气源热泵烘干机组工作原理

空气源热泵是以周围的空气作为低温热源，通过制冷剂吸收空气中的热量，把热量搬运到被加热物体中的一种节能加热设备，常见的空气源热泵工作形式是将装置产生的热量用来加热空气或水，如空气源热泵供暖设备、空气源热泵热水器、空气源热泵烘干机以及空气源热泵中央空调等。空气能热泵作为一种高效的能量转换装置，在人们的日常生产生活中广泛被应用。空气源热泵系统主要由蒸发器、压缩机、冷凝器、膨胀阀、风机以及循环的制冷剂、电控系统等组成。空气源热泵烘干机组具有除湿效率高、节能、体积小、不污染环境、烘干品质高、运行可靠等优点，适合于果蔬、种子、食品、药材等低温干燥领域。

现有的闭式烘干机组采用如下回路：来自于烘房的湿热空气首先经过回热器，回热器吸收湿热空气中的热量，降低湿热空气的温度，降温后的湿热空气进入蒸发器降温除湿，经过蒸发器降温除湿后的低温干空气再经过回热器升温，升温后的干空气进入到冷凝器进一步加热升温，空气的相对湿度进一步降低，形成相对湿度很低的干热空气，这些高温干热空气再进入烘房带走被烘干物品中的水分，形成湿热空气，再进入回热器循环。常规空气源热泵烘干机组原理如图 3-1 所示。

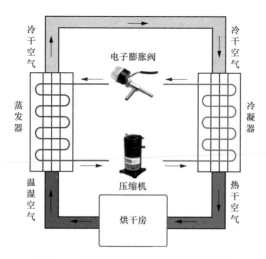

图 3-1　常规空气源热泵烘干机组原理

空气源热泵系统的工作原理是制冷剂在热泵系统各设备间不断进行气液转换，实现低温热源中的热量转至被加热介质中的过程。热泵烘干过程工质状态变化如图 3-2 所示。首先在（1→2）过程中低温冷媒在蒸发器中通过液态转气态，吸收外界低温热能，然后进入压缩机，经过压缩机压缩后变成高温高压气态冷媒，在（2→4）过程中再经过冷凝器与低温介质进行热

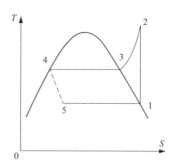

图 3-2　热泵烘干过程工质状态变化

量交换，制冷剂由气态逐渐转变为液态，然后在（4→5）过程中经过膨胀阀变成低温低压液态冷媒，最后再由（5→1）的过程进入蒸发器开始下一个循环，从而实现热泵的连续制热。

2. 空气源热泵烘干系统的分类

一般来说，干燥过程都是通过某种方式加热物料，从而使物料温度升高，促使内部水分分离出物料的操作。热泵系统的干燥原理是通过加热干燥介质，并借助干燥介质的传热来加热物料以达到干燥的目的。根据热泵干燥过程中加热介质与环境接触方式的不同，系统可分为全开式、半封闭式及全封闭式3种。

（1）全开式热泵干燥系统。外界低温干燥的空气经管道流经系统冷凝器而被加热，被加热的空气进入干燥室加热物料并吸收物料中蒸发出来的水分，空气变为相对湿度较大的湿空气后流经蒸发器进行热量回收，最后排入外界。湿空气流经蒸发器主要是回收废气中的余热，还可起到保护环境的作用。全开式干燥系统具有结构简单、操作工艺方便的优点，但是由于受进气温度较低的影响，一般干燥室内的温度较低，致使干燥效率不高。另外，此方法的潮湿空气直接排放入环境，会引起环境污染。

（2）半封闭式热泵干燥系统。干燥室内干燥介质的组成部分分两部分，一部分是来自外界，另一部分是系统原有部分。其干燥原理与全开式类似。半封闭式干燥系统的干燥性能较好，但是不易控制干燥过程中的新风量和排风量，对控制系统要求高。

（3）全封闭式热泵干燥系统。全封闭式干燥系统中，干燥介质在密闭的管道和干燥房内流动。来自干燥室内高温高湿的空气流经蒸发器后经冷却除湿，变为低温干燥的空气后直接进入冷凝器加热，水分以冷凝水的形式排出系统。全封闭式干燥系统结构简单，能源利用率高，并且整个干燥过程不向外界排放废气，是一种节能环保的干燥方法。

综上所述，相比其他干燥方式，热泵干燥技术不仅节能环保，而且能源利用率高，可实现智能化干燥，在干燥领域应大力推广。

3. 空气源热泵烘干系统的关键部件

热泵烘干系统主要由热泵系统和烘干房系统两部分组成。热泵系统根据热源来源不同可以分为空气源、水源、地源以及双热源热泵。

顾名思义，空气源热泵是以空气为热源，吸收空气中能量转化为其他形式的高品位能源再作用于其他物体；水源热泵是以水中所含的能量为热源，吸收水中的能量转化为其他形式的高品位能源作用于其他物体；地源热泵是以土地中所含的能量为热源，利用冷媒和土壤的温度差，吸收土地中的能量转化为其他形式的高品位能源再作用于其他物体；双源热泵是以两种不同物质中的能量为热源，常见的是以空气和水中的能量为热源，常常被用于建筑物取暖或集中供热水。

水源、地源和双源热泵的使用不仅对环境要求较高，并且易对环境造成影响，因此这几种热泵使用范围较窄，而空气源热泵是以空气为热源，对使用环境要求较低，并且对环境破坏小，因此在供暖、干燥、供热、制冷等行业得到广泛应用。

热泵系统主要由冷凝器、蒸发器、膨胀阀、单向阀、压缩机、循环风机、四通阀及管路等组成，由制冷工质和循环介质在各个部件中流动而形成一个循环回路。

（1）压缩机。压缩机是热泵系统的核心，压缩机较热泵而言相当于心脏对于人体的作用，作为热泵系统的动力源泉，使制冷工质在系统的各个部件中往复循环，起着至关重要的作用，决定着整个系统性能的好坏。按工作原理可以将压缩机分为容积型压缩机和速度型压缩机，容积型压缩机是依靠活塞往复运动改变压缩腔内部的体积从而增大被压缩介质的压力，通常用于制冷、空调以及热泵等领域；速度型压缩机是通过转子高速旋转使被压缩介质获得较大速度，再将介质的动能转化为内能，从而提升被压缩介质的压力。

（2）制冷工质。制冷工质又称冷媒、雪种、制冷剂，被广泛应用于各种热机中，是各种热机完成能量转化的媒介物。冷媒一般都具有在常温或较低温度下液化的特性，传统的制冷剂一般为卤代烃（尤其是氟氯烃类物质），常见的有二氟二氯甲烷（氟利昂）、四氟乙烷等物质，其中部分氟氯烃类物质具有破坏环境、易燃、有毒等性质而逐渐被淘汰。冷媒对热泵系统的作用相当于血液对于人体的作用，热泵系统依靠制冷剂在其内部各个部件中发生可逆相变（如气—液相变、液—气相变）放/吸热，从而实现热量从低温物体转移到高温物体，完成能量转移过程。

（3）蒸发器。蒸发器主要由蒸发室和加热室两部分组成，加热室主要提供制冷工质汽化所需的热量，促使液态制冷工质汽化，蒸发室主要起分离气液两相制冷工质的作用。蒸发器的工作过程是一个吸热过程，低温制冷工质通过蒸发器与周围空气进行热交换并吸收热量，从而实现热量向制冷工质转移。冷凝器属于换热器的一种，其工作过程为放热过程，制冷工质流过冷凝器与被加热的介质进行热交换，从而实现热量向被加热介质的转移。膨胀阀是通过改变节流截面或节流长度以控制流体流量的阀门，一般安装在热泵系统的冷凝器出口端，主要起控制制冷工质流量的作用。膨胀阀将冷凝下来的制冷工质有节制的补充给蒸发器，使蒸发器能够连续的工作。四通阀在热泵系统中主要起改变冷媒流向的作用，从而实现热泵系统制冷和制热模式的相互切换。

（4）烘干房系统。烘干房系统主要由烤房、移动物料小车、循环风机以及管网组成。烘干房由保温材料制成，具有良好的保温性能，主要包括换热室和物料室两个部分，物料室内设有移动物料小车，地面设有物料小车专用轨道，方便物料小车运送物料进出物料室，并且在物料室两边墙体上设置有送回风通道，通过管网与热泵系统相连接，使物料室内空气往复循环；换热室主要用于安装热泵系统的冷凝器、压缩机等装置。

4. 空气源热泵应用概况

改革开放以来，我国经济快速发展的同时，政府也在不断加强节能减排的力度，改造高污染的热源，发展低碳经济，在这样的相关政策和背景下，近几年，我国空气源热泵行业得到了迅速的发展。根据数据显示，空气源热泵在2016—2021 年间销量实现了稳步增长，其中 2021 年更是爆发式增长约 62.5%，总销量达到了 353 万台。

空气源热泵历年市场规模统计如图 3-3 所示。这 5 年统计数据表明，空气源

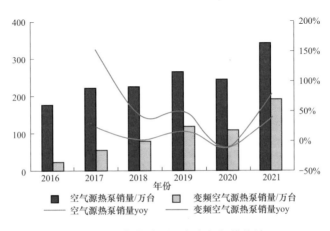

图 3-3　空气源热泵历年市场规模统计

热泵市场都以超过 20％的增幅稳步发展，特别是变频技术的推广，成效明显，市场规模增加得更为明显。

2017 年，热泵烘干机全国销售额大约 5.9 亿元，2021 年，销售额已突破 16.7 亿元，5 年间烘干机销售额增长了将近 3 倍，烘干机占整个热泵产业的比例也逐年增加。热泵烘干机历年市场规模统计如图 3-4 所示。

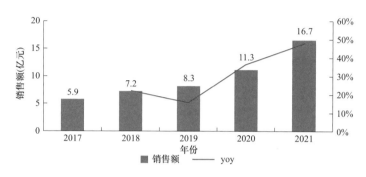

图 3-4　热泵烘干机历年市场规模统计

目前我国农产品烘干机存量基础非常低，随着我国经济的快速发展，预期热泵烘干国内市场刚性需求和驱动力非常强劲。随着经济的发展，人们的环保和节能意识日益加强，其优异的节能效果使热泵烘干技术显示出广阔的应用前景。

空气源热泵是替代燃煤、燃油等采暖、烘干设备的最佳途径之一，随着各行业对产品能耗、自动化、安全性等需求的提高，空气源热泵市场需求量还在不断地增加。空气源热泵既是传统行业，同时在新技术的引领下，也是朝阳行业，全球市场前景十分广阔。

5. 空气源热泵节能技术原理

目前的闭式干燥机组采用的回热器体积大，除湿效果差，导致机组能耗高。热管式空气源热泵闭式烘干机组采用热管技术取代传统的回热器，提高除湿效率，简化结构，降低机组成本和机组运行费用。

（1）解决换热器效率低、体积大的问题。传统热泵干燥系统加入换热器可以降低湿空气相对湿度和含湿量并提高干燥效率，目前常规机组采用气—气换热器用于热泵干燥系统，气—气换热器的体积较大，在闭式结构中会占据大量空间，循环结构设置不方便，也会影响闭式结构内湿空气流通性。比如采用重力式热管作为热泵冷凝器和蒸发器之间的传热装置，重力式热管是一种十分高效的传热元件，在较小温差内就能正常工作，而且体积很小，在实际应用中可以根据需要选用单根或多根热管，应用灵活。相比气—气换热器热泵干燥机组，结合重力式热管研制的空气源闭式热泵烘干机组具有效率更高、体积更小的优势。回热器对比如图 3-5 所示。

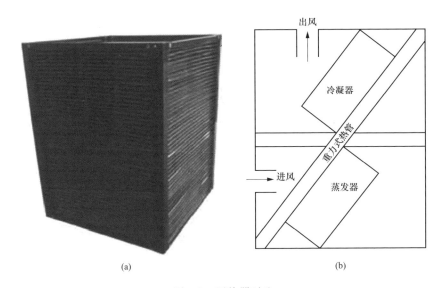

(a)   (b)

图 3-5　回热器对比

（a）常规回热器；（b）重力式热管回热器

（2）解决除湿中后期除湿能耗高的问题。在干燥的中后期，物料中的含水率显著降低，需要花费较长的时间，消耗较多的能量去除这些水分。物料含水率降低，回风的含湿量降低，使得干燥室送回风空气状态变化很小，从而出现湿空气只降温却不除湿的现象，导致蒸发器降温除湿效率降低，除湿能耗升高。该问题主要通过 3 个方面技术解决。

1）模拟研究。对闭式热泵干燥系统室内温度场及气流组织进行分析模拟与研究，通过 CFD 软件对烘干室温度场及气流组织进行仿真模拟，分析不同送风方式的干燥室温度及速度场分布情况，从而使系统设计更加合理。

2）控制过程优化。根据不同烘干产品（中药材、种子、水果、水产品等）的烘干工艺要求，对热泵烘干机组的电控部分进行合理的设计优化，使其控制过程更加合理。

3）实验对比研究。对闭式热泵干燥系统，进行烘干实验研究，研究在实际除湿过程中回风的旁通率、循环系统的风速、系统送回风的温湿度等参数变化对于除湿性能的影响，确保回风在蒸发器内温度降至露点温度以下。针对问题进行优化，从而达到提高除湿效率的目的。

3.1.3　台州温岭松门镇白鲞加工空气源热泵烘干项目

1. 项目概况

"天下白鲞数台州，台州白鲞出松门"，"松门白鲞"是浙江省温岭市松门镇的一块农业金字招牌。经过漫长时间的发展，该镇已形成生产、加工、包装和销售一体化的产业链，直接带动经济效益 4 亿元，被中国水产加工与流通协会授予"中国鱼鲞之乡"称号。松门镇白鲞加工场地如图 3-6 所示。

图 3-6　松门镇白鲞加工场地

但在合作社成立之前，社员们分散在松门镇的各个村庄，他们加工鱼鲞主要是以煤能源为主，存在环境污染大、热效率较低、安全风险高、劳动负担重、烘干质量难把握、卫生条件差等问题，不得不对加工工艺流程进行转型升级。

2. 改造内容

目前，普遍采用的是一种热泵烘干技术。热泵烘干技术的工作原理是热力学中的逆卡诺原理，由电压缩机、蒸发器、加热器、膨胀阀、风机和控制器等组成"高温蒸汽热循环"，从而达到烘干鱼鲞的高效能。

热泵烘干技术具有能源高效利用、自动化操作、环保无污染等优势，同时也节约了大量煤资源。由于热泵设备的不断新增，合作社的用电负荷不断增加，为确保变压器不超容运行，必要时需进行增容。

3. 效益分析

在 2019 年 8 月完成增容手续后，温岭市松苍鱼鲞专业合作社总用电容量达到了 4380kVA，仍有不少社员在增加电能替代设备，预计全部投运后总用电容量将达到 6000kVA。以目前合作社的发展估算，将实现年电能替代量约 450 万 kW·h，减少标准煤 1818t，减少二氧化碳排放量 4486.5t，减少二氧化硫排放量 135t，减少氮氧化物排放量 6.75t，减少粉尘排放量 1224t，优化能源结构的同时，也促进了节能减排，保护了生态环境。

节约成本也是社员考虑的另一个实际问题。新设备的投入，需要的场地不到原先的一半，为用户省下了不小的场地租赁费用。热泵烘干设备的高度自动化，也实现了鱼鲞加工行业的"机器换人"，24h 连续烘干，原本煤炭运输、煤炭添加、人员值守等工作需要 3 个人一起完成，而今全自动设备的投入，仅需 1 人值守就可以了。另外，新设备的投入，不仅缩短了加工的时长，原本需要 21h 才能烘干的鱼鲞，现在只需要 15h 便可以加工完成，每次加工的量也可以达到之前的 2 倍以上，大大提高了社员们的产量，为社员带来更多的经济效益。

4. 项目亮点及推广价值

（1）项目亮点。改造后仍需控制每一路出线的用电负荷，确保变压器不超容运行的同时，也寻求最实惠的用电方案。合作社属于季节性用电，在用电负荷达不到变压器容量时，及时办理暂停或需量手续。改造后总体用电负荷须及早进行计算，避免出现变压器超载，如果需要增容需及早办理增容手续。

（2）推广价值。电能替代目前已上升为国家战略，成为我国防治大气污染、改善环境质量、调整能源结构的重要抓手。通过电能替代项目的实行，不仅使鱼鲞加工行业可持续发展，节约了资源，保护了我们的碧海蓝天，同时也节约了社员们的生产成本，提高了经济效益。

3.2 物联网温室大棚能效提升技术及案例分享

我国作为传统的农业大国，温室面积居世界之首，作为现代农业的重要组成部分温室大棚也得到了社会的广泛关注，但目前的温室大棚都是以农民承包或利用自家土地为主要拥有方式，以种植各种非时令作物为主，各个大棚相对各自独立，基本无智能手段介入，且温室环境是影响农作物生产力和品质的直接因素，但现阶段国内温室环境监控系统普遍存在管理落后、反馈不及时、信息化和智能化程度低等情况，导致浪费大量能源、人力、物力，农民收入受限，因此，如何更科学、合理、高效地保障作物质量及产量，就成为要解决的目标，智能化大棚的建设也就成为基于上述现实问题，在传统大棚模式下引入物联网技术，利用传感器对农作物的各种参数进行远程监测和调控，同时配有智库和专家系统为农户智能推送最适合其农作物生长的最优种植方案，从而使农业生产过程更加自动化、智能化，进而达到降本增产、改善品质、调节生长周期、提高经济效益等目的。最终彻底解放农民的双手，实现智慧农业，并达到能效提升，节能减排的目的。

3.2.1　背景介绍

发展温室大棚是我国发展农业现代化的主要内容之一，也是乡村振兴战略的根基。推动温室大棚发展是解决农村发展不平衡、加快农业供给侧结构革新的关键之举。其中发展温室大棚是建设特色农业农村的重要组成部分，近年来我国不断加大对温室大棚的研究，并建立了多个温室大棚示范点或者示范园区。蔬菜温室大棚在农业农村现代化建设中占据了较高的比重，这种采用温室大棚的方式可以减少外界自然环境条件的变化对农作物等产生的不利影响，可提高农作物产品产出效率，在有效推动供给侧结构性改革的同时提高当地农民的经济收益，改善民生，也加快解决了"三农"问题。

温室大棚技术是设施农业的重点，设施农业是指通过现代化的工程技术与高科技手段对农业生产环境相对可调、可控、可监测，是提高牲畜家禽养殖效率和农作物生产效率的一种现代化农业发展方式。设施农业产业园区的设施农业可采用具有自动化、智能化以及机械化的农业设备，对农业生产、养殖、培育、加工等过程进行统一化、智能化管理操作，对冷、热、电等能源统一分配，使农业产出效益实现最大化。

推广温室大棚是加快农业发展进程、提升农业现代化的重要基石。而促进我国农业现代化改革，就需要不断改进我国农业发展方式，以实现农业生产高质量、高效率发展。在传统农业中，植物生长的环境参数以及农业生产作业，绝大部分都是依靠人力，其生产效率、生产周期、产量都无法得到控制和保障。而温室大棚将工程技术、生物科学技术和信息技术集合并统一起来应用，并按照农业中动植物适宜生长的具体需求来达到控制最利于其生长环境的目的，有利于提升产品质量并确保农业生产过程中的安全性，同时可以控制农产品进行周期性生产，实现了农业的商品化、产业化、集约化发展，也体现了农业现代化产业所具有的先进科学性和技术高集约性。所以发展设施农业可以加快传统农业向现代化农业转变。

　　早在 19 世纪，英国就开始研究适用于温室的调温调湿以及光线调节的设备，目的是能够改变农作物的生长环境，提高农作物产量，这项技术在后来得到了美洲及亚洲各国的广泛应用；在 20 世纪 70 年代以后，西方国家对设施农业的发展加大了重视，国家通过优惠政策，对设施农业进行大面积推广。目前，世界上有许多国家开始了对可再生能源与温室大棚相结合的深入研究，在欧美等发达国家，由可再生能源为温室大棚供能发展模式已经逐渐开始普及，并逐步代替传统供能模式下的农业发展方式。比如，阿尔及利亚西北部有一个案例，养牛场采用了农场光伏供电系统来供能，通过对经济性以及环境方面的分析，使农场可再生能源利用率达到 49%，结论表明该农场光伏系统在所有阿尔及利亚的农场运行的经济可行性和环境可持续性上都发挥了重要作用。印度为减少对化石能源的依赖，也大力推广了光伏与田地抽水灌溉水泵相结合的光伏灌溉系统，并且也通过技术分析与性能评估证明光伏灌溉系统对减轻气候变化对农场农业生产的影响、减少碳排放具有一定作用。

　　我国的温室大棚起步相比其他西方国家来说相对较晚，以前的发展水平与发达国家还有一定距离，而且由于地域不同，温室大棚发展有一定差异性；但是随着改革开放以来，我国对温室大棚发展研究逐渐重视，不断创新出新型设施农业设备，使得温室大棚逐渐走向规模化。我国温室大棚的面积和产量位居世界第一，2020 年中国温室大棚面积为 187.3 万公顷，2022 年中国温室大棚面积约为 186.2 万公顷。

　　目前，我国的温室大棚技术将朝着集约化方向发展。将农业和物联网结合起来将会大幅度提高温室大棚生产效益，远程监测系统可以对影响温室大棚发展的关键因素进行实时监控，以提高农作物生长效率。最近几年随着物联网技术的进步，温室大棚的发展也随之升级和转型，未来也将向着智能化、高效化及精准化等方向发展。

3.2.2　能效提升技术原理

　　近年来国家和政府大力提倡发展物联网产业，有关领导都曾指出，要让物联网更好地造福百姓、走进生活、促进生产。在全国物联网大会上，有专家就提出物联网产业是未来数十年应大力发展的朝阳产业，其市场和规模前景广阔，我国物联网技术是新一轮产业革命的推动力量和重要方向。要按照相关原则着力突破智能硬件、芯片、传感器等相关尖端技术，着力打造智能交通、智能农业、工业物联网等关乎民生福祉的基础性产业。

对于智能温室大棚远程监控系统的研究方案与设计是物联网农业领域比较热门的课题，智能物联网温室大棚远程监控系统如图 3-7 所示。

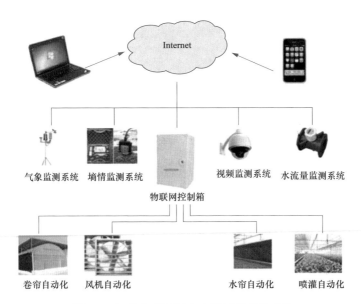

图 3-7　智能物联网温室大棚远程监控系统

目前，国内外对于温室大棚远程监控系统的研究方案总体上还是遵循传统的物联网思维，主要从传感设备、通信技术、应用服务 3 个技术方面入手。

1. 传感设备

传感设备一般会应用在整个农作物生产的全部环节，包括种苗培育、作物的生长管理以及收获储存等，这些传感器一般包括模拟、数字、模数混合等多种类型，像管传感器、空气温湿度传感器、土壤温湿度传感器。在实际应用中会根据不同的应用目标来选取，在制造农业生产机械方面也会大量采用传感技术。传感技术广泛应用在农业产品流通管理、动物跟踪与识别、安全生产监控、农畜精细生产等多个方面，特别是基于物联网云计算技术的图像处理技术，已经形成了视频跟踪识别技术及其产业链。另外，RFID 技术也随同云计算一样融入了物联网的世界，据美国有线电视新闻网介绍，2015 年度，全世界 RFID 市值规模已达 100 亿美元，其中占全球最大市场份额的亚太地区为 40 亿美元，预计未来十年市值规模还会成倍增加。国外发达国家在传输网络方面的研发资金投入相当巨大，目前已在无线传感器网络方面获得多项成果，并有相关实验性产品推出，且已得到示范应用，据报道，美国德州有数家科技类公司联合投资了北美地区一个农业无线传感器网络基地，此基地目前是全球最大的无线传感器网络基地，法国的某个科技团队已经采用跟踪方法采集了大西洋上多个小岛的生态环境信息。

2. 通信技术

物联网通信技术在现代农业领域已得到了广泛的应用。远距离视频系统需与无线互联网配套使用，再加上 GPS 定位技术，可分别监控温室大棚内的农作物生长情况，还可控制温湿度、排风、滴管系统等。此类技术已被以色列等农业发达国家应用多年。目前全球最大的物联网农业计算机系统位于北美地区，该网络系统可涵盖加拿大和美国大部分地区，人们可通过互联网共享农业服务信息资源。早在 20 世纪 90 年代中期，Gartner 就提出了服务导向架构（Service Oriented Architecture，SOA），使得 IT 产业化进程加快。近年来，SOA 不断加快脚步，原因之一是自进入 2000 年以后，谷歌、IBM、微软等大批科技实力雄厚的软件开发商研制出了多套实施方案，并在一些商业案例上获得成功。2006年在新德里和北京同时成立的全球 SOA 解决方案中心由 IBM 一家创建，此中心提供的 SOA 解决方案可为各个行业使用，世界一流的软件开发商都聚焦在中间件领域，势必会加快 SOA 产业化进程。

在物联网农业方面，国内的普遍做法是使用紫蜂（ZigBee）或蓝牙（Bluetooth）等无线设备形成一个局域网络，然后再通过智能网关与互联网通信，如此一来，终端数据首先由局域网经过网关之后才能到达外网，这个过程是比较复杂的，且不容易实现，开发周期也会相对较长。因此，设计一个简单的智能终端系统，既具备数据采集控制功能，又具备网络通信功能，成了物联网农业发展的重要方向。另外，在物联网农业中，设备云平台对接的是最关键的一环，在一些物联网解决方案中，很多公司都选择自己开发云平台，从终端智能硬件到服务器，再到控制软件，形成了一套独立的软硬件系统，这种方案从开发难度上来讲是很大的。在设计中也可采用商业云平台或者免费的开放云来作为终端数据的转发、存储，目前在国内也存在一些性能不错的设备云开放平台，如氢氪云、OneNet 等，这些设备云平台的功能还不是很完善，还在进一步的升级改善中。未来智能农业的发展必将是我国农业发展的新方向，改革开放 30 多年来，农村土地正逐步由个人家庭生产单位向集体合作社生产或农场承包制转变，无疑，智能化、自动化、简约化便成了物联网农业追求的目标。国内在物联网智能农业方面的发展和国外相比还有一定的差距，但近一两年来也出现了一些很实用的项目案例，特别是智能硬件与云平台的结合，加速了我国现代农业的发展步伐。

在物联网智能农业的解决方案中，有传统的解决方案，也有新型的，它们都有各自的优缺点，作者详细对比了以下 3 种方案做了详细对比，从中选出更优的物联网智能农业解决方案。

（1）传统农业物联网解决方案 1。ZigBee 终端＋协调器物联网解决方案如图 3-8 所示，该方案的采用较为普遍，在物联网智能农业方面的应用也相对比较成熟。

图 3-8　ZigBee 终端＋协调器物联网解决方案

该方案首先将 ZigBee 终端与协调器组网，在二者组成一个局域网之后，通过 ZigBee 终端采集传感器信息，把数据发送给 ZigBee 协调器，之后协调器将数据通过相应的网络协议对数据进行打包发送给通信网关，通信网关进而将数据上传到云平台，最后实现远程监控。

1）方案优点。ZigBee 系统建立的局域网信号比较稳定，数据一般不会丢失，终端采集传感器信息比较方便，编写代码比较容易。

2）方案缺点。整个系统方案结构复杂，移动控制端和 PC 端远程控制界面需要单独开发，系统级与级之间的连接比较麻烦，开发周期较长，开发成本较高。

（2）传统农业物联网解决方案 2。该方案同样是采用终端＋网关＋云平台的方式,如图 3-9 所示,但终端采集系统与上一方案不同。该终端可以是普通的 8 位、16 位或 32 位单片机(MCU),整个工作过程首先是终端系统采集传感器信息,然后将数据通过网络通信协议打包发送给无线或有线通信模块(通信网关),进而将数据上传到设备云平台,最后通过控制终端,实现远程监控。

图 3-9 终端+网关+云平台物联网解决方案

1)方案优点。本方案的整个系统比较稳定,同样是典型的物联网解决方案,相关的技术也比较成熟。

2)方案缺点。整个系统结构也相对复杂,采集终端与云平台的网络连接比较困难,移动控制端和 PC 端远程控制界面同样需要单独开发,开发周期长,成本高。

(3)新型农业物联网解决方案。该方案采用终端集成通信模块(ESP8266)+OneNet 设备云平台的方法,是一个简单的二级简化系统,如图 3-10 所示。

图 3-10 ESP8266+OneNet 设备云平台物联网解决方案

ESP8266 是目前国内外比较流行的物联网通信模块,该模块内部通过一个 32 位 ARM 内核和 4MB 的 Flash 存储器集成了无线数据通信转发和终端数据采集功能,ESP8266 既可作为一个无线通信模块使用,又可作为一个 MCU 主控芯片,当作终端模块使用。在智能农业大棚内,ESP8266 将采集的室内温湿度、土壤温湿度、光照强度等数据直接打包上传到设备云平台,此时 OneNet 接收数据存储,并将其转发给远程移动端。在云平台只需关联相应的数据即可生成控制界面，同时还可借助 OneNet 官方提供的手机客户端登录，实现远程移动端在线监控。

1）方案优点。整个系统结构极其简化，将终端采集模块与无线通信模块合二为一，与传统的物联网解决方案相比，省去了主控芯片，在 OneNet 设备云平台实现远程监控的界面不需要单独的开发，只需要在云平台上关联相关的数据流即可生成，OneNet 官方提供手机 App 版，只需在线登录手机打开 App，就可实现远程移动端监控。极大地缩短了开发周期，节约开发成本。

2）方案缺点。ESP8266 有集成了终端与网络通信的功能，所以其内部可用资源有限，同普通的单片机（MCU）相比，其外设 I/O 很少。

3. 应用服务

物联网技术发展到今天，其相关技术已经相对趋于成熟，作为数据转发、存储的云端架构也是日新月异，目前国内已有众多的设备云平台出现，有些是商用收费的，有些是免费的。

物联网云平台其实可以理解为一个平台的平台，它是在一般服务器架构的基础之上进行的更改，使之成为了具备物联网服务功能的大数据处理中心，满足了物体与物体之间的数据通信与交换功能。本设计采用的 OneNet 设备云平台提供了大量的 API 接口，可以为各个行业的数据平台提供接入的多种服务，另外因其具备强大的开发工具，像数据存储、转发等大量的基本服务项目亦是必不可少，如此一来，对广大物联网开发机构和团队来说无疑是一个很好的帮助。OneNet 物联网服务平台的技术支持服务体系特别完善，在云平台中提供了大量的开发文档，包括云架构文档、接入文档、开发工具文档、通信协议文档、注意事项等，这样就大大降低了开发难度，极大地缩短了开发周期，受到众多开发人员的欢迎和好评。因此 OneNet 在国内物联网领域的使用越来越广泛。云平台在性能方面也具备很多优点，比如其运行时安全性很高且十分稳定，其可扩展的云端架构是一项很大的优势，以上众多优点可很好地化解接入时的困难。云平台对接入终端的响应时间相对其他免费的物联网云服务器来说还是很短暂的，而且其提供第三方登录服务，更加方便、快捷。OneNet 在实际应用中的总体架构如图 3-11 所示。

图 3-11　设备云 OneNet 在实际应用中的总体架构

3.2.3　梅银连海水养殖场智慧＋渔光互补系统建设案例

1. 项目概况

三门县位于中国"黄金海岸线"中段的三门湾畔，海域面积近 $500\mathrm{km}^2$，近年来，海水养殖行业快速发展，目前全县养殖规模已达到 20 万亩。传统的海水养殖，存在依赖人工、劳动强度大等问题。

梅银连海水养殖场智慧＋渔光互补系统如图 3-12 所示。该系统充分利用现代科技发展成果，为用户提供了一套基于物联网技术的智慧渔光互补系统解决方案。综合利用计算机与网络通信技术、传感器技术、物联网技术、智慧用电技术以及防止人身触电技术，实时监测海水养殖各阶段的水温、光照、溶氧值、pH 值等各项指标，实现对养殖塘增氧泵等设备的远端自动控制。

图 3-12　梅银连海水养殖场智慧＋渔光互补系统

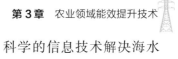

该系统采用创新的发展理念、先进的管理模式、科学的信息技术解决海水养殖业结构调整、规模扩大、技术升级等一系列问题，全力打造数字化、规模化、智能化，符合现代海水养殖业发展趋势的养殖主体。

2. 改造内容

项目组自主设计的智慧＋渔光互补系统是面向养殖集约、高产、高效、生态、安全的发展需求，基于智能传感器、无线通信网、智能处理与智能控制等物联网技术开发，集各种环境参数在线采集、智能组网、无线传输、智能处理、预警信息发布、决策支持、远程与自动控制等功能于一体的海水养殖智慧管理系统。实现海水养殖生产精细化、设备智能化、管理可视化、决策数字化管理，提高养殖效益。

智慧＋渔光互补系统主要包括用电安全智能开关、传感器监测终端、数据采集终端及云管理平台，同时，可接入视频监控设备，构建监控展示中心。数据采集终端可接受云管理平台发送的控制指令，控制现场设备的工作，实现远程设备运行程序的设置、监测与操作。作为采集和传输设备，通过 GPRS 网络、4G 网络、5G 网络等进行数据传输，实现监控中心对鱼塘的远程监控。

（1）智慧用电云管理平台和监控展示中心。基于移动网络的云端监控，在养殖过程中，通过集管理软件、监控平台和云服务等于一体的智能服务平台的应用，为养殖户提供高效、可靠和综合的管理手段，提升数字化和智能化水平。云管理平台包括云服务器、数据服务器以及终端电脑等，管理平台可以 24h 不间断采集现场实时数据，动态显示鱼塘温度、pH 值、溶氧量等水环境数据，同时显示电压电流、设备和线路漏电等数据，自动形成报表以及水质异常时自动发送报警信息，通过监控中心可以实时查看现场视频，养殖户也可以通过终端电脑访问监控平台，实时查看相应数据和视频，或者控制现场设备进行换水、加氧等操作。通过远端的数据采集终端，实现本地系统和云端的数据通信，使得通过网络终端能够实时监控养殖场环境，并通过历史数据导出功能，为科学养殖管理提供数据支持。智慧＋渔光互补管理平台如图 3-13 所示。

（2）服务架构和技术路径。云端服务包括了设备数据服务、数据库服务、网站浏览服务等功能。服务端采用云服务器＋Windows Server 2016 系统方式实现，能够方便服务器扩展并降低运维学习成本。云端服务器框架如图 3-14 所示。

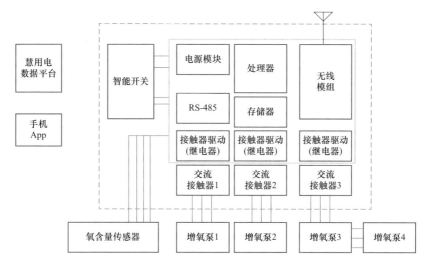

图 3-13　智慧＋渔光互补管理平台

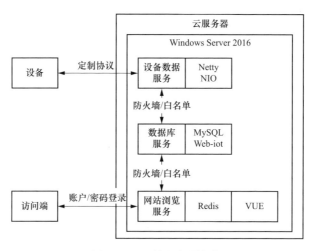

图 3-14　云端服务器框架

1）设备数据服务采用定制通信协议传输结合 Netty NIO 框架，实现异步事件驱动的高可靠性的网络服务端程序。满足大规模现场设备接入的需求。

2）数据库服务采用 MySQLWeb-iot 数据库。可结合 RDS 云服务，实现高性能数据访问服务。

3）网站前端采用的 VUE 架构，后端采用 Java-Springboot-Redis 架构，是当前比较主流的服务架构，可靠性得到充分验证，并在一定时间段内没有大的技术升级迭代需求，确保服务运行的稳定性和可维护性。

4）在网络安全性方面，采用了防火墙、访问白名单 IP 限制、强口令、定制接入通信协议、浏览账号密码登录等方式来确保云端服务的安全性。

5）在数据接入性能方面，系统架构能支持 5 万台设备接入，并可以通过扩展服务器的方式扩充到支持 20 万台设备接入。

6）系统架构能支持 5 万台设备 3 年（每年存储 5 个月数据）的数据存储，并可以通过扩展云存储的方式扩充到支持 20 万台设备 10 年的数据存储，并提供数据快速检索服务。

（3）功能结构。总功能块包含云端总览、村名管理、用户管理、设备管理、日志管理、物联卡管理几大部分，其中各部分下又包含了查询、编辑等分功能，方便通过用户、村民、设备等几个方面进行管理。并且具备 GIS 地图展示设备在线状态、整体运行情况（设备总量，在线数量等）、地图选点展示等功能。管理平台功能树如图 3-15 所示。

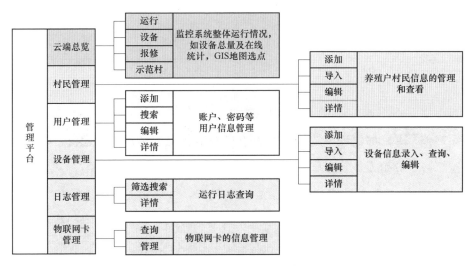

图 3-15　管理平台功能树

（4）传感器监测终端。传感器监测终端用于实现应用现场的传感器接入、数据采集与传输，可支持多种类型的传感器，包括温度传感器、含氧量传感器、pH 值传感器等，采集鱼塘各项数据，通过无线通信网络传输到数据采集终端，如图 3-16 所示。

图 3-16　传感器监测终端

传感器监测终端采用太阳能电池板供电，浮标式设计，可单独布置在鱼塘内，通过无线方式与数据采集终端设备进行数据传输，传感器类型可根据检测参数的需要选择型号，配置灵活、安装简便。支持 LoRa/2G/3G/4G 等多种无线数据传输、系统结构简单、太阳能供电、适应各种环境。

（5）数据采集终端。数据采集终端如图 3-17 所示。

1）传感器监控采集终端设备采用市电和太阳能板双供电模式，模块化设计。数据采集终端采用防雨设计，所有部件集中在一个密闭的电控箱体内，通过立杆或支架结构，安装在应用现场。

2）终端内置水质监控器。具备增氧泵本地手动控制、远程手动控制和自动控制功能。能够通过传感器，采集并显示鱼塘水温、溶氧值，通过比对终端内部可设置的一组回差参数，自动控制增

图 3-17　数据采集终端

氧泵启停，并能够保证系统能够在未连接网络状态下实现自动运行，降低养殖风险、减少养殖人员管理压力、为养殖人员提供量化的管理依据。

3）终端支持多种常规传感器访问端接口，可通过基于 MODBUS 协议的 RS-485 总线方式接入，也可通过本地无线方式接入，从而支持不同情况的现场传感器通信和分布方式。

4）终端内部参数支持远程及本地调整，可设置增氧泵启停对应的溶氧值、溶氧值低限报警、温度高限和低限报警、pH 值高限和低限报警。在水质指标超出设置值时，产生报警信息或控制动作，及时通知管理人员。同时，设备本地能够交替显示当前水质监测数值，为无法实现移动端监测的场合提供实时数据。

5）数据采集终端可接受云管理平台发送的控制指令，控制现场设备的工

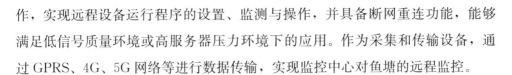

作，实现远程设备运行程序的设置、监测与操作，并具备断网重连功能，能够满足低信号质量环境或高服务器压力环境下的应用。作为采集和传输设备，通过 GPRS、4G、5G 网络等进行数据传输，实现监控中心对鱼塘的远程监控。

（6）关键技术。

1）智能剩余电流动作保护器。EA3-6 系列数智剩余电流动作断路器是采用微电脑芯片编程控制的高新技术产品。在三相四线中性线直接接地的低压电网中可作为总保护和二级保护用。本产品可对线路或用电设备的接地故障、过载、短路、过压、欠压、缺相等进行保护。本产品是为适应农网剩余电流动作保护装置分级保护要求而研发的新型漏电断路器，达到"新农村电气化工程"的目标而开发且获发明专利的创新产品。本产品功能完善，使用简便，安全可靠。

2）光伏并网融合开关。EA3 系列光伏并网融合开关是一种新能源融合数智保护装置。该产品以可遥信、遥调、遥控的智能断路器作为主体，增加了防孤岛效应的后备保护功能、HPLC 多模组通信功能、精确计量等电力物联网功能。与光伏并网系统交互信息，上报故障、异常等分析结果，接收上级发布的处理策略。实时监测相关数据，可解决配网检修安全等问题，实现分布式光伏电站与配网的同步安全、经济、低碳运行。

（7）创新点。我国的海水养殖业发展迅速，但在精准养殖、科学管理、疫病控制、产品安全方面以及高效海水养殖基地管理方面还存在很大差距，成为中国海水养殖业发展以及打入国际市场的瓶颈因素。在国家推进现代农业和农业信息化技术的大背景下，推进海水养殖物联网整体解决方案的建设与应用对于企业和社会来说有重大意义。公司自主研发设计的智慧＋渔光互补系统是面向养殖集约、高产、高效、生态、安全的发展需求，基于智能传感器、无线通信网、智能处理与智能控制等物联网技术开发，集各种环境参数在线采集、智能组网、无线传输、智能处理、预警信息发布、决策支持、远程与自动控制等功能于一体的渔光互补智慧管理系统，如图 3-18 所示。该系统可以实现海水养殖生产精细化、设备智能化、管理可视化、决策数字化管理，提高养殖效益。

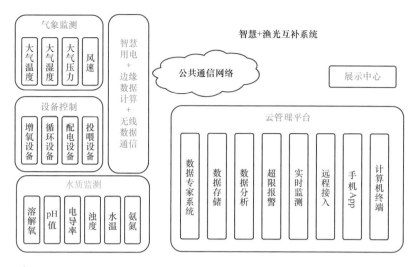

图 3-18　智慧＋渔光互补系统

1）基于先进的云平台与物联网技术，实现系统的稳定运行。

2）基于边缘计算的数据采集终端，当现场监测数据出现异常时，能够及时通过通信网络向监控中心、管理人员手机等发送告警信息。

3）可以实现通过互联网终端设备对鱼塘进行视频监控，可以定时抓拍图像或者查看录像，实时查看监测的数据。

4）在无人监管的情况下，现场控制终端可以根据采集到的传感器数据，进行预定的计算处理，自动调节鱼塘设备的运行，提升了鱼塘的自动化管理水平，减少了养殖户的工作强度。

5）云平台具有海水养殖联动控制，视频检测系统，溯源系统等功能，并具有专家知识库功能模块。可在监控中心投屏，实时检测水质、海水养殖、单项水指标数据等信息。

6）所有采集数据实现就地储存，信号差时数据储存在本地设备中，信号恢复时主动上报，不会丢失数据。

7）传感器监测终端采用智微功耗节电技术，一体化结构，安装时无需组装，直接投放到指定水域即可正常使用。

8）在标配水质传感器的基础上，可选配气象传感器，用于检测大气温度、大气湿度、大气压力、风速等环境数据。

9）通过选择多种类型的传感器，可实现在线式 pH 值、溶解氧、水质浊度、水质余氯、水质悬浮物、水质叶绿素等指标参数的检测。

3. 效益分析

按照目前市场应用情况评估，举例估算，传统的海水养殖，需要人工对海塘进行 24h 看管，不仅要关注海塘的水温、光照、水质等基本环境条件变化，更重要的是要掌握好海塘水内的溶氧值、pH 值等水质的理化指标。

研发成功的设备应用后，依据台州市三门县海产养殖塘为例，经测算每亩使用的所有 2.5kW 增氧泵每天共节电 2.5kW·h，每年按 3 个月测算，全县共计 20 万亩青蟹养殖塘统计，预计全年可节电 4500 万 kW·h。电价按照 0.59 元/（kW·h）计算，节省电费 2655 万元。

前后进行比较，每个海产养殖塘用户不仅节省了人工成本，还有电费约 2655 万元。以浙江省 200 万亩标准养殖塘为例，预计共节省约 15900 万元。经济效益成效对比见表 3-1。

表 3-1　　　　　　　　　经济效益成效对比

设备名称	人工成本/（元/亩）	电费成本/（元/亩）	节省成本/（元/亩）
感知设备	25	1.5	26.5

以浙江省 X 亩养殖塘为例，每年按 3 个月测算，预计每年可节省电费为（人工成本＋电费成本）×每年养殖月份×养殖塘亩数＝（25＋1.5）×3×2000000 ≈ 15900（万元）。

4. 项目亮点及推广价值

三门县是浙江海水养殖第一大县，全县养殖面积 20.5 万亩，年产量 29 万余 t，年产值超 52 亿元。一般一个养殖塘面积 30 亩左右，全县约有 6800 个养殖塘。

示范养殖塘水域面积 30 亩，总装机容量 1MW，预计年发电量 100 万 kW·h，相当于节约标准煤 320t。若在全县养殖塘推广则总装机容量可达到 6800MW，全年发电量可达到 6.8 亿 kW·h。

智慧＋渔光互补系统可以极大地节省养殖户时间精力。并且，根据走访调查以往养殖户夜里需要整夜开启增氧装置，以防深夜养殖塘溶解氧降低到标准以下。而智慧＋渔光互补系统能够自动监测养殖塘内溶解氧，检测到溶解氧低时自动开启增氧泵，能有效节约电费。

下一步计划向其他养殖塘推广，考虑进行规模化管理，整合为一个大型项目，这样可以进一步节约成本，同时也利于电网侧管理。

3.2.4 台州黄岩北洋镇现代农业生产基地电能替代项目

1. 项目概况

我国是一个农业大国，人口基数大、农村人口多，农业经济在整个国民经济中占有十分重要的地位。近年来，黄岩区北洋镇通过科学规划、优化布局和创新管理，以高科技绿色农业为主导产业，以三产融合为方向，成为全省首批特色农业强镇。

原农业生产方式存在很多弊端，比如：①手工劳作强度大，工作效率不高，亩均产量低，且难以实现大规模生产；②人工施肥基本凭经验，难以实现有机化肥的精准施放，目前普通工艺农田施用的氮肥只有50%被作物吸收，磷肥、钾肥利用率更低，只有约35%被作物吸收，浪费较大，经济效益不高；③农用化学物质通过在土壤和水中的残留，形成有毒物质富集，经过物质循环进入农作物和牲畜体内，最终危害人类健康，同时也会改变土壤的理化性质，导致土壤肥力下降和土地生产能力萎缩；④目前大部分农业生产机械以柴油为能源，农机排放标准普遍不达标，作业过程中会产生大量废气粉尘等，对人体和环境伤害较大；⑤传统农业机械虽然大大减轻了人工劳作强度，也在一定程度上提升了亩均产量，但受制于土地面积和土壤质量，依然较难控制农作物生长质量，不利于大规模生产。

基于以上弊端，农业生产方式存在很大的替代需求，在欧美和发达国家，农业自动化高速发展，农业机械设计向高速、宽幅、大功率、舒适的方向发展。自动化控制技术在农业机械上的应用已经相当普及，已经把自动控制、信息处理、全球定位系统和激光、遥感等现代尖端技术、装备应用于农业机械上，实现温湿度控制、播种、自动、谷物收割等工作的全自动化。

2. 改造内容

农业电气化是指农业中广泛使用电力。农业现代化的重要组成部分，主要包括：以电力作为农业机械化的动力资源；采用电器装置进行增温、加热、冷却、照明等。电气化生产具有效率高、费用低廉、机动灵活和稳定可靠等优点，是农业机械化、自动化、工厂化和管理现代化的物质技术基础。

（1）全自动栽培技术。水培蔬菜，使用智能化种植系统实现蔬菜种植的标准化、智能化、规模化，年亩产量达 25t。智能化种植系统包括智能立体催芽系统、智能播种移栽育苗系统（自动化播种设备、幼苗转移设备）、循环控制系统（包括深液流水培技术）、智能收割系统等，其生产流程如图 3-19 所示。水培区自动化收割如图 3-20 所示。

图 3-19　生产流程

图 3-20　水培区自动化收割

黄岩区北洋镇农业科创园空中草莓如图 3-21 所示。建造智能温室大棚（包含全天候温室数据采集系统、智能化环境控制系统及严格的系统化控制技术防治病虫害），使用悬挂上下移动式栽培床技术及精准滴灌施肥系统，自动定点定量添加水和营养液，精准滴灌到草莓根系内。

图 3-21　黄岩区北洋镇农业科创园空中草莓

大棚栽培床间距小，土地利用率高，而且可上下移动，根据采摘高度可自动升降，方便客户采摘。该方法种植的草莓营养丰富，抗逆性和耐储运性良好，抗病性强，品种优良，年亩产可达 6～8t。

（2）智能温室控制技术。大棚温度控制系统通过光照、温度、湿度等无线传感器，对农作物温室内的温度、湿度等信号以及光照、二氧化碳浓度、空气湿度、温度等环境参数进行实时采集，自动开启或者关闭相关设备，比如自动启动灌溉系统，实现节水节电、节约人力物力，确保设施内环境参数指标符合农作物生长需求。

（3）项目经验。项目启动前需要做好市场需求分析，配电房改造及变压器增容需要充分考虑今后一段时间的用电需求增长；替代的用电设备，应选择节能、高效、无污染的设备。针对当地有替代潜力的企业，要将其作为优质用户，联合政府开展上门服务，通过合理规划配网线路，优化设计供电方案，客户工程 EPC 总包等方式，为客户提供一条龙的用电报装服务，打造主动服务样板案例。电能替代项目选择应该遵循因地制宜、示范带动的原则，以点带面，形成良好的区域宣传示范效应。

3. 效益分析

大棚种植实现全电化，生产过程清洁、安全、可靠，果蔬种植无农药无污染，绿色环保，与传统农业相比具有下列优势。

（1）无土栽培能够大幅提高土地利用率，且对土壤质量无要求，可利用荒岛、盐碱地等极端贫瘠地块种植；同时农产品品质得到有效保障，产品价值得到用户认可，销售价格较传统工艺生产的农产品翻了 2～3 倍，通过与当地超市、酒店等单位建立长期合作关系，企业利润稳步增长。

（2）节约水资源及肥料，将水和营养液在封闭系统里循环，水、肥不流失。每 200 亩土地，年节约水 15 万 t，年节约肥料 1800t，减少农药使用量 500t，蔬菜年复种指数 12 季。

（3）基本实现果蔬的全程自动化、机械化、规模化种植，采用种子播种催芽系统、风淋系统、水环循系统、智能联动温室控制系统等系统，节省人力成本达 90%，年扩供电量 40 余万 kW·h。

（4）依托高科技优势（水培蔬菜、空中草莓及原生农法等），在提高生产效率的同时又带动农业观光旅游经济。

（5）产品质量可控，产品数量可期，产品问题可溯，打造出高端农业品牌，发展前景宽广。

（6）生产基地可开发多种经济作物，不受季节条件所限，一年四季均可生

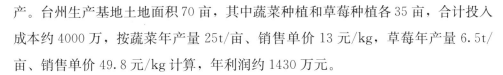

产。台州生产基地土地面积 70 亩，其中蔬菜种植和草莓种植各 35 亩，合计投入成本约 4000 万，按蔬菜年产量 25t/亩、销售单价 13 元/kg，草莓年产量 6.5t/亩、销售单价 49.8 元/kg 计算，年利润约 1430 万元。

4. 项目亮点及推广价值

（1）项目亮点。目前该基地的企业在全国各地有项目合作 17 项，其中 4 个基地基本建设完成，4 个基地正在建设中，9 个项目基本确定合作意向，覆盖北京、广州、湖南常德、青岛、河南商丘、西藏日喀则等地。该基地在国家农业农村部"全国新型职业农民培育"示范基地、浙江省高成长科技型中小企业、浙江农博会金奖等大大小小荣誉 14 项，获得 8 项发明专利，并多次得到中央电视台、省市县地方电视台等新闻媒体的宣传报道，知名度享誉国内外。

（2）推广价值。全自动化生产方式主要依靠电力提供能源，比传统靠人力、柴油动力机器作业，没有污染物排放，更加环保、安全。农作物产量方面，普通作物一年种 1～2 季，水培蔬菜平均生产周期 40 天，一年可种 8～10 季，且基本不受自然灾害影响，产量大大提高。农作物质量方面，全程采用标准化生产工艺，培植土壤、培养液等均按统一标准生产，精确配比，有效保证产品质量，且全程使用物理杀菌消毒，无毒更安全，符合大众对绿色农产品的需求。农业自动化生产的经济效益和社会效益显著，无论从加快现代农业发展，还是对电力企业增供扩销的角度上来看，助推农业电气自动化都是必然趋势和要求。

第4章　公共建筑能效提升技术

4.1　楼宇智控节能技术及案例分享

4.1.1　背景介绍

1. 能源消耗现状

我国能源短缺问题日益严重，随着高能耗建筑业的迅猛发展，更是加剧了危机现状。在全球节能减排、低碳生活的大趋势下，推行建筑节能势在必行。现阶段我国既有高能耗建筑存量巨大，如何通过科学有效的技改方案，降低能耗并提升能源利用效率，已然成为解决能耗问题的一把利刃。

图 4-1　楼宇建筑能耗排放

现今建筑消耗了 90% 的电力，产生了 60% 的碳排放，如图 4-1 所示。楼宇建筑作为能耗大户，在中国能源消费总量中的份额超过了 27%，预计到 2030 年将上升到 40%。因此，通过"智慧化"方案最小化能源消耗帮助降低能源需求，对推动楼宇节能减排，促进经济社会可持续发展具有重要意义。

在既有高能耗建筑中，暖通空调系统的用能比例高达 45%，是工商业建筑的主要能耗系统。据全球经济彭博新能源（BNEF）数据表明，全球住宅和商业空调用电量达 1932TW・h（$1T=1\times10^{12}$），中国和美国占其中的 54%。其中中国的空调用电量占全球 34%，位居第一。此外，国内采暖和空调系统能耗占建筑能耗 50%～60%，机房设备更是高达 70%。

2022 年，《中华人民共和国国民经济和社会发展第十四个五年规划和 2035 年远景目标纲要》中明确提出"发展智能建造"，这为我国全面推进建筑业转型升级、推动高质量发展指明了方向，也为广大建筑业企业实现数字化转型提供了发展新机遇。目前，智能楼宇设备多为海外品牌（占总比 73%），国内自研设备较少，且只有 1% 左右的建筑为节能建筑，楼宇智控市场渗透率不到 30%，而西欧和日本占比高达 80% 左右。有专家预测 2023 年国内将有 40% 上涨空间，全国将有 400 亿平方市场规模。

2. 行业用能概述

在既有存量建筑中，仅有 10% 以下的工商业建筑进行了暖通设备升级更新和改造。新建建筑中，80% 以上采用高效节能的暖通设备和系统（如高效离心机组、水泵变频控制系统及暖通设备集控系统等）。较之普通建筑，在智控、建材、采光等各方面做到匹配的绿色建筑，其耗能潜力可高达 70%～75%。

（1）耗电量示例。办公楼、酒店、综合商业体及医院等大型公共建筑能耗较大，其中空调系统耗能最高位居榜首。

1）典型办公楼分项电耗如图 4-2 所示。在办公楼的电能消耗组成中，空调电能消耗占比最大，占比达 59%，其次是照明、电梯用电及其他设备用电。

2）典型商场分项电耗如图 4-3 所示。商场在分项用电指标方面，空调用电指标最大，占总用电量比例的 47%，其次为照明用电。在逐月用电指标方面，2 月份用电指标最低，7 月份用电指标最高。

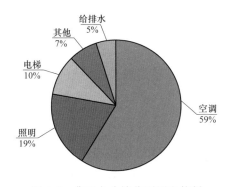

图 4-2　典型办公楼分项用电能耗

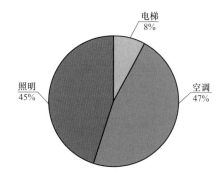

图 4-3　典型商场各设备用电能耗

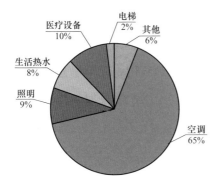

图 4-4　各设备用电能耗

3）典型医院分项电耗如图 4-4 所示。医院建筑总系统能耗中，空调系统＞照明＞热水＞医疗设备＞电梯＞给排水/食堂等，空调系统占医院建筑能耗最大，且为节能重点。

（2）节能建筑运营行业痛点。

1）高能耗，高风险。大型公共建筑能耗较大，且环境污染及安全风险增加，故产生较高的能源管理成本及运行费用。

2）行业基础薄弱。重概念宣传、轻实用投入；重硬件投入、轻软件开发；重数据采集、轻平台建设；重政府主导、轻市场参与。

3）传统巡检"两高两难"，即风险高，费用高；招人难，监管难。具体表现为：①若降低巡检频率低，则风险度相应增高；②人员专业度、责任心难以标准化；人力成本居高不下，流动性较强；③经验性知识传承困难等。这些都是传统巡检的长期痛点。

4）专业化配置欠缺。具体体现在：①较之国内软件，国外设计软件市场占有率达 73.9%，优势明显，技术强势；②模块化报价，无法按需定制，整体价格偏高，成本压力大；③部分系统研发欠缺经验，核心零部件性能偏低；④绝大部分缺少线下专业工程团队配合；⑤国内具备软件设计能力并配有暖通、机电、电力及线下专业工程师服务团队的集成企业风毛麟角，难以形成竞争优势。

4.1.2　能效提升技术原理

1. 中央空调系统

中央空调系统作为楼宇系统能耗最大的部分，其高效节能对整体节能具有重要意义。

（1）中央空调系统的主要节能手段。

1）进出水温度调节。中央空调原末端采用比例阀进行机械式调温，调节冷冻水入水口阀门的开度，即控制进入热交换器中冷冻水的流量从而达到调节冷风温度。在风机盘管出风口处安装一个温度传感器，采样冷风的实际温度，并将该信号送给比例阀控制器，比例阀根据实际检测的温度与设定的温度进行比较，自动调节热交换器进水口阀门的开度。

2）时间管理。公共写字楼的空调开启时间为 07：00/08：00～17：00/18：00，整个时间段可进行细微调整。在春秋两季温度适宜的季节，可根据天气变化适时调节进出水量和温度，必要时可关闭空调开启新风系统，或缩短空调开启时间。

（2）中央空调的主要节能改造措施。将原有的中央空调末端采用比例阀进行机械式调温改造为变频器进行电气调温。然后固定进水阀门的开度，动态调节风机转速，以达到恒温调节目的。其过程为在风机盘管出风口处安装一个温度传感器，采样冷风的实际温度，该信号经温度变送器转换为标准电流信号送给变频器，由此将实际检测的温度与上位机给定的温度进行过程控制运算，给出控制信号并自动控制风机转速。当实际比设定温度高，则增加风机转速，比设定温度低则减少风机转速，以达到调温的目的。系统结构流程如图 4-5 所示。

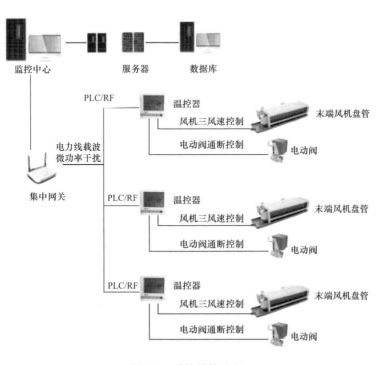

图 4-5　系统结构流程

中央空调末端经过改造之后，不再是通过调节热交换器进水口阀门开度调温而是通过电子方式调温，且电机不是以满速运行，而是根据室内的负荷变化有效调节风量达到调温目的，这样既节省了电能，又大大减少风机机械转动部分磨损，增加了电机的使用寿命，同时还消除了各个热交换器进水口阀门之间的影响。此时，风机电机采用交流变频调速技术后，实现了零电流、零电压的软启动，消除了电机启动时对电网的冲击，而且大大地降低电机运行时的噪声。末端改造后的具体优势为：①用电器调温，调温精度高；②变频器响应速度快，调温动态性能好；③风机处于未满转速运行，机械损耗小，噪声低，电能损失小；④实现全自动远程监控及温度闭环控制；⑤软启动、软停止，消除了电机启动时对电网的冲击，从而大大地降低电机运行时的噪声。

2. 社区照明系统

(1) 照明系统的主要节能措施。照明系统在楼宇系统中的能耗占比也较高，其主要节能措施如下。

1) 据光而变。根据光照强度变化照明，以达到既节能又不影响用户感官的目的；根据预设定的时间自动在各种工作状态之间转换。比如，上午时系统自动将灯的数量关闭 1/2，此时光照度会自动调节到视觉最舒适的水平。靠窗区域，系统智能识别户外光线明亮程度，判断室内灯最佳适宜亮度，晴天调暗，阴天调亮。始终保持室内设定的亮度（此功能需调光控制）。当夜幕降临时，系统将自动进入"傍晚"工作状态，自动开启各区域的灯光。此外，工作人员还可用手动控制面板，根据一天中的不同时间及不同使用场景进行灯光预设置，使用时只需调用预先设置好的最佳灯光场景即可。

2) 预设照明方案。智能照明控制系统能够通过合理的管理，根据不同日期、不同时间按照各个功能区域的运行情况预先进行光照度的设置，不需要照明的时候，保证将灯关掉；在大多数情况下很多区域无需全部开灯或调整到最亮状态。

3) 延长灯具寿命。灯具损坏的主要原因是电网过高电压，因此灯具的工作电压越高，其寿命越低。反之，灯具工作电压降低，寿命增长。故适当降低灯具工作电压有利于延长灯具寿命。

4）提高管理水平，减少维护费用。智能照明控制系统改变传统手动操作式开关，通过智能化控制技术，不仅将管理意识运用于照明中，且大大减少运行维护费用，同时留有足够的适配接口，可与室外照明、消防、安防及楼宇自控系统（Building Automation System，BA 系统）连接。

（2）照明智能控制的主要改造措施。

1）改造方式。

① 新技术新材料节能。采用更为节能的灯具，智能型时控器等，但在新技术新材料的使用中充分考虑改造成本和维护成本。比如地下室使用的节能灯有 T5 和 T8 两种类型，虽然 T8 比 T5 节能，但是 T8 的寿命偏短，成本比 T5 要高。无论使用哪一种均需要进行全生命周期的成本计算。

② 管理节能。运用智能灯控技术，关闭无用灯光。由季节变化进行调整时控器，夏天灯具的开启时间延后和白天关闭时间提前，冬季则反之；调整地下车库照明照度和灯具数量，保证车道照明，减少车位照明等。智能灯控系统如图 4-6 所示。

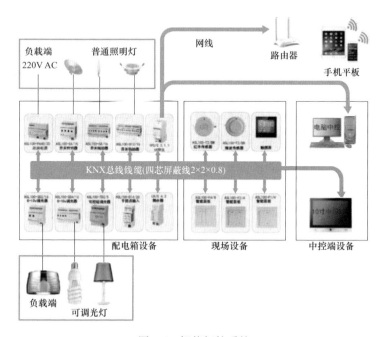

图 4-6　智能灯控系统

③ 节能技术改造节能。比如将楼道照明改为声控或人体感应等措施。

2）改造后优势。

① 大幅度实现节约电能的效果，总体节能率达到 40% 左右。

② 智能化控制系统使维护工作更加方便快捷，以达到降低维护成本的效果。

③ 部分灯具因材质原因不能够即刻开关，系统后台录入其使用方式进行智能化提示操作，能够延长灯具寿命 2～4 倍。

3. 楼宇智能管理

大型楼宇都有 BA 系统、安防系统、物业管理系统、能管系统等。但由于系统之间均独立存在、缺乏数据贯通、使用人员专业度较低、数据利用率差等原因，所有系统只停留在监控层，远未实现业务闭环。

打造智能楼宇要从能源出发，但不局限于能源本身，前期沟通时需要了解行业痛点，聚焦用户需求，结合楼宇用能特性，建设智能楼宇管理平台，采集楼宇整体运营数据，提出节能减排、高效管理方案，以数据为依托，针对性地解决问题。

智能楼宇平台通过采集数据发现管理缺陷、能耗浪费、设备老旧等问题，通过线上＋线下结合的方式，解决问题，能提高运营团队的管理效率，打造舒适、节能的绿色楼宇。

智能楼宇平台需涵盖如下内容。

（1）能耗管理。能耗监控系统全面涵盖了供电、供水、空调、照明、通风、供暖、电器等设备的能源应用量的控制与测量。支持各级各类设备的分级、分类、分区授权监测授权控管，既可满足集中监测控管的需求，又可实现使用用户在统一的原则、标准指导下灵活使用控管的需求。

（2）策略化节能控制系统。包括高效中央空调主机系统节能逻辑控制，智能照明系统控制。

（3）环境监控。包括设备机房、配电机房的温湿度、烟雾、漏水、噪声、特殊气体浓度监测。

（4）设备设施监控。包括给排水系统监测、电梯系统、锅炉系统的集中监测。

（5）物业巡检系统。包含工单派发、故障消缺、巡检巡更、跑冒漏滴监测。

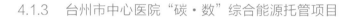

4.1.3　台州市中心医院"碳·数"综合能源托管项目

1. 项目概况

台州市中心医院于 2000 年 6 月开诊,是一家三甲医院,如图 4-7 所示。该院能源结构中,2019 年全年总能耗费用为 1028.7 万元,其中电能费用占比67%,燃气费用占比 18%。

图 4-7　台州市中心医院

2. 改造内容

(1) 项目采用"后勤一站式管理平台＋管家团队＋节能改造"的模式。

1) 开展节能改造。完成医院中央空调变频群控改造、空气冷热水供应改造、电梯电能回馈改造。

2) 建设医院数字化管理系统。建立后勤保障类服务信息化系统,包括设备管理、设备安全管理、电力安全综合监控、暖通及锅炉安全综合监控、医用气体安全综合监控、给排水综合监控、保洁管理、中央运送管理等各个模块,借助大数据和人工智能提升后勤服务保障能力,提升医院综合能效水平。

3) 开展专业能源管家服务。与现场管家、云端专家采用"线上＋线下"相结合的方式,确保节能降耗工作持续开展,提高能源精细化管理水平。

(2) 后勤一站式管理平台。

1) 平台架构及特点。后勤一站式管理平台架构如图 4-8 所示,具有如下特点:①结合 IT 技术结合互联网平台全功能运作;②基于 JAVA 语言支持多操作系统及多数据库格式;③具备同时多通信协议支持;④采用标准上位机资料共享接口;⑤开放标准的集成平台;⑥最优化能源管理;⑦精确可靠的控制;⑧组织化的功能管理及显示。

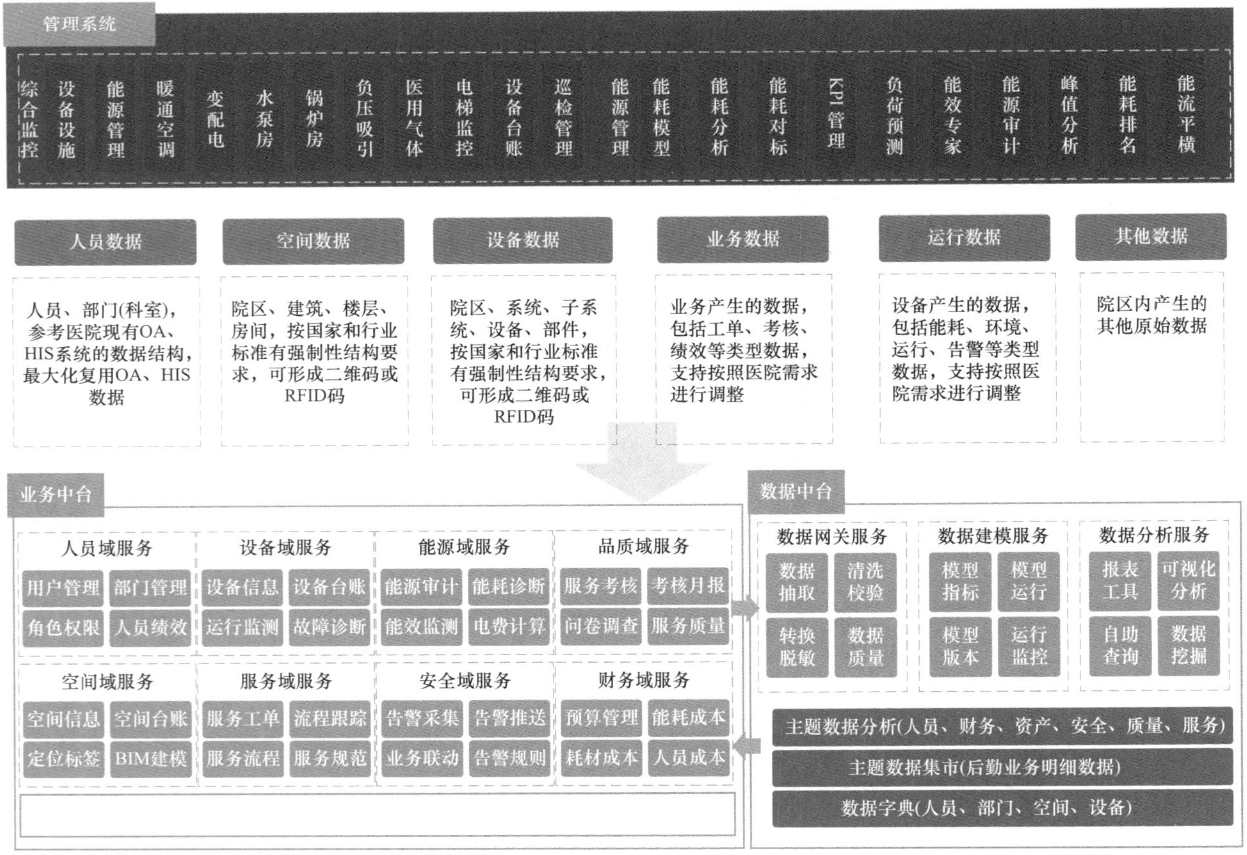

图 4-8　后勤一站式管理平台架构

2）综合监控。包括电力安全监控、暖通空调监控、负压吸引监控、水泵房监控、锅炉房监控、电梯安全监控、医用气体监控等。综合数据驾驶舱结合数字孪生技术，展示楼宇的主体结构，机房分布、设备位置、管道走向等信息，除了展示平台接入的数据外，还可以通过数据接口，整合楼宇其他系统的数据，包括视频安防系统、电梯系统、BIM系统等。综合监控控制界面如图4-9所示。

图4-9 综合监控控制界面

3）能源管理。包括能耗模型、能耗分析、能耗对比、能耗排名、能耗对标分析、节能服务、能耗KPI管理、负荷预测、能源审计等。医院建立科学先进的节能监管平台系统，对院区用电进行分项计量，并对重点用电、用水设备及区域进行能耗计量管理。能管系统通过能耗数据分析对比，及现场勘探和反馈，帮助医院制定管理节能标准，实现能源节约。能耗统计界面如图4-10所示。

4）中央空调群控。对医院3台水冷主机及管网进行实时监测，在保障末端舒适的情况下实现水泵变频与冷水机组、冷却塔结合进行整体寻优控制。中央空调节能控制系统可实现水泵变频与冷水机组、冷却塔结合进行整体寻优控制。基于冷水机房综合优化算法，跟踪冷水机组、冷冻水泵、冷却水泵和冷却塔的性能曲线，对每台设备采用主动式控制和整个机房设备的集成控制，实现整个制冷空调系统综合能耗最低的目标。中央空调群控界面如图4-11所示。

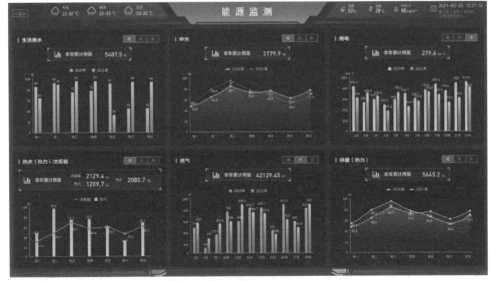

图 4-10 能耗统计界面

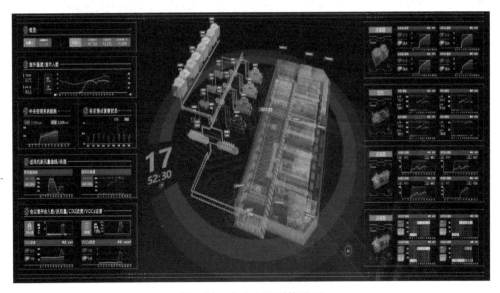

图 4-11 中央空调群控界面

5）空气源热泵。利用空气源热泵的节能效益，将原有蒸汽制取生活热水。
实现空气源与原蒸汽制取生活热水方式 1 主 1 备。在运行时空气源热泵以少量的
电能为驱动力，以制冷剂为载体，吸收空气中的热能，实现低温热源向高温热
源的转移，再将高品位热能释放到水中制取生活热水，通过热水供应管道输送
给用户。这种热水器在实际运行中平均能效比高达 3.0 及以上，是一项极具开
发和应用的节能、环保新技术。空气源热泵监控界面如图 4-12 所示。

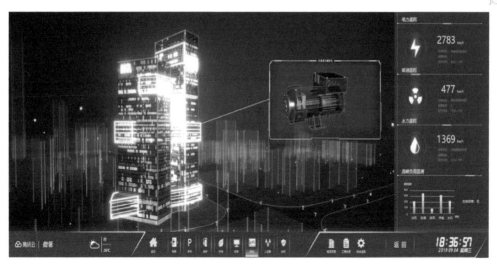

图 4-12　空气源热泵监控界面

6）能源经理及维保。医院建立科学先进的节能监管平台系统，对院区用电
进行分项计量，并对重点用电、用水设备及区域进行能耗计量管理。同时为医
院提供一名驻场能源管理经理，能源经理根据院方要求，与医院职工工作时长
一致，原则上每日工作 8h，每周不超过 44h。能源经理通过能耗数据分析对比，
及现场勘探和反馈，帮助医院制定管理节能标准，实现能源节约。节能监管平
台界面如图 4-13 所示。

图 4-13　节能监管平台界面

3. 效益分析

在 10 年托管期内院方可获得稳定的能源保障并且无需增加能源费用支出，院方无需投资即可进行节能技改实施与信息化服务上线，实现节能降耗，建立智慧医院。

生态效益：预计综合节电 1652 万 kW·h，预计全年可以降低碳排放约 4493.44t，大大减少污染物生产，实现生态可持续发展。

4. 项目亮点及推广价值

（1）项目亮点。

1）响应政策。满足国务院办公厅下发《建立现代医院管理制度的指导意见》中健全后勤管理制度，降低万元收入能耗费用支出的要求。

2）安全提升。医院能源、设备安全保障和服务体验得到质的提升，让医院省心、放心，更加聚焦于医疗主营业务。

3）管理提升。实现对能源、设备、人员的透明化管理；实现对科室的能效 KPI 考核。

（2）推广价值。台州市中心医院能源托管的成功，有助于推动浙江省乃至全国医院的能源供给侧结构性改革，成为示范和标杆，全面提升医院的社会公共形象。

4.1.4　台州路桥区行政中心数字化节能项目

1. 项目概况

台州市路桥区行政中心覆盖行政大院南楼、北楼和信访楼 3 幢楼（见图 4-14），总建筑面积 3.2 万 m²，涉及用能人数 1500 余人。以近三年历史能耗数据看，能耗数据处于上升阶段；以 2022 年本项目全年用电数据看，整个行政中心年电耗超过 300 万 kW·h，按照建筑实际投入使用部分计算，本项目单位面积电耗为 94kW·h/m²，超过浙江省市级能耗指标基准值和约束值。根据 2022 年路桥区行政中心的能耗曲线，按照 2022 年 4 月和 11 月（不开空调）用电，作为本项目的办公照明基础能耗。每月办公照明基础能耗为 14.5 万 kW·h，全年按照使用 11 个月计算（除去国庆、五一、春节等假期），本项目全年基础能耗（含照明、其他能耗）为 160 万 kW·h，占总用电的 53% 左右，空调年用电为 140 万 kW·h，占总用电的 47% 左右。高配间各出线柜及各楼层部分配电箱已配备采集电表，电能表的用电数据人工采集，缺乏数据实时上传及分析平台支撑用能管理者有效管理；房间内空调以使用者自主管理为主，公共区域空调由物业人员巡逻管理，存在空调漏关和温度不按标准设置等现象；办公走廊公共区域灯光装有开关面板，分布在室内各个区域，对灯光的开关管理较为分散；在楼层配电箱内有对应空气开关可进行集中控制，目前根据上下班时间，由物业人员巡检人为管理。

图 4-14　台州路桥区行政中心

针对以上用能管理现状，本项目对路桥区行政中心能耗采集系统、空调系统、照明系统等通过物联网技术进行轻量化改造，构建综合用能管理系统，以碳排采集为基础，以智能感知、物联网、移动互联、大数据和云计算技术为支撑，以"可视、可比、可管、可控、可省"为抓手，提高能源使用透明度，促进能效改进，降低能源成本，提高安全保障，高质量推进绿色低碳转型发展。

2. 改造内容

本项目通过对路桥区行政中心能耗采集、空调、照明等物联网技术进行轻量化改造，结合楼宇综合用能管理系统，实现用能信息"可视"、数据"可视"、行为"可管"、设备"可控"、成本"可省"，行政中心能效得到进一步提升。

（1）能耗监测管理系统建设。

在两个高配间安装红外采集器，对两块 10kV 电表进行数据采集；采用边缘计算网关对接智能网络电力仪表，实现 56 个抽屉柜能耗数据和各个配电柜的能耗采集；在智慧用能管理平台配置三级虚拟电表，对整个建筑的总能耗，空调、照明、电梯、其他用电进行分项分类，理清了行政大院核算范围之外区域的边界。

通过建设能耗监测管理系统精确掌握大楼用电情况，实时精确计量各节点能耗数据，进而为大楼能耗多维统计、能耗态势分析做好基础，积累现场能耗数据，为大数据分析与人工智能算法积累有效的历史数据，为节能策略的优化提供依据。

（2）空调节能系统建设。

通过安装空调网关、集控网关、边缘计算网关以及红外遥控器，将路桥区行政中心 VRV 空调和单体空调接入楼宇综合用能管理平台，实现空调设备的远程及策略控制，为空调系统节能降碳提供有力手段，另外通过在建筑内各个空间安装温湿度、人体感应多功能传感器，实现建筑内部空间状态实时采集，结合环境的真实状态，通过平台 AI 智能算法进行策略管控，减少使用浪费，如图 4-15 所示。

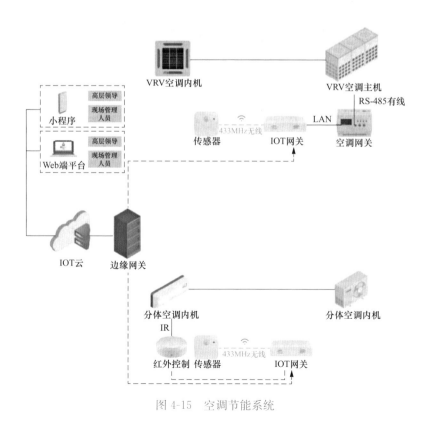

图 4-15　空调节能系统

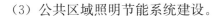

（3）公共区域照明节能系统建设。

通过安装照明集控器、智能开关、智能空气开关等设备，将公区照明接入楼宇综合用能管理平台，实现公区照明区域远程及策略控制，根据真实使用情况和环境情况智能管控末端，减少末端能耗浪费。

（4）楼宇综合用能管理平台。

以全方位能耗、碳排采集为基础，以空间、分项、分布等维度分级分析；以人均、平方均为考核指标，实现精细化用能（碳）计量；构建全覆盖全口径用能（碳）监测网络，实现公共机构用能（碳）实时全监控，同时结合物联网终端设备和智能算法，为公共机构提供一个全面实时、可感可知可控的综合管理平台。

1）全面感知用能可视：实时监测、直观呈现各区域各类用能（碳排）情况和变化趋势，以及楼宇对应的能耗指标对标情况，同时可对接光伏储能，实现能源生产、消费的全过程、全要素的可视化。

2）精准分析清晰明了：通过楼宇用能数据之间的多维分析、纵向/横向对比分析，以及用能流向，让管理者快速定位问题，挖掘节能空间，实现精益管理。

3）保障安全高效运营：基于分析的结果，制定合理的管理制度和管理措施，提升办公人员的节能意识，规范大家的用能行为，从根本上践行节能降碳；通过对异常数据的分析告警和快速反应，提升安全管理水平。

4）策略定制智能管控：实现楼宇用能系统自动控制并结合使用场景、终端感应设备、上下班时间、气象数据实现智能化控制。

5）绿色赋能降碳增效：对接光伏、储能等业务系统，突破能源系统信息孤岛壁垒，实现楼宇能源生产消费全过程管控、全方位评估。

3. 效益分析

（1）社会效益。

路桥区行政中心数字化节能项目的实施是深入响应国家"双碳"战略，推进"十四五"时期公共机构节约能源资源工作高质量发展，是贯彻落实党中央、国务院关于碳达峰、碳中和决策部署。通过后续对行政中心的持续性节能分析优化，也为其积极响应国家"双碳"战略、实施全市公共机构和公共建筑的整体节能改造起到重要的示范和引领作用。

近年来，台州市全方位发力落实过"紧日子"要求，控成本、讲绩效、提效能，聚焦资产管理、经费管理、节能管理等重点领域，加强资产统筹整合，大力压减经费支出，倡导节约能源资源，培育节俭机关文化，全力打造绿色节约型机关。近几年，台州市路桥行政中心不断探索节能减排的新思路、新方法、新技术，该项目的实施是以过往荣誉为基石，奋力谱写绿色低碳新篇章，也是争创"零碳"公共机构等级评价的基础。

（2）管理效益。

通过本次轻量化物联网管理节能改造，实现用能管理的精细化和自动化，全面提升数智水平，提高管理效率，打造台州市路桥区公共机构绿色节能样板。

提高行政办公楼宇管理效率和安全运行：综合用能管理平台对接各层级各维度用能数据，并对数据进行分析比对，结合异常告警，形成闭环管理模式，有效防止跑冒滴漏，有效提高安全隐患排查能力和隐患排查时效性，减少人工排查成本，减少安全隐患。楼宇综合用能管理平台如图 4-16 所示。

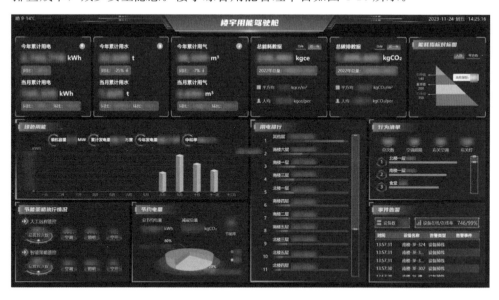

图 4-16　楼宇综合用能管理平台

依托综合用能管理平台智能管控（节能策略自动化远程管控）、对比分析（办公室、部门横向 PK 比较）、行为清单（忘关灯、忘关空调，空调温度过高或过低行为记录及公示排行等）、成效反馈（节能率、负面行为占比分析）等功能模块，结合日常管理措施，能有效提升办公人员节能意识，塑造良好的绿色低碳行为习惯。

（3）经济效益。

项目覆盖行政大院南楼、北楼和信访楼 3.2 万 m² 的建筑面积涉及用能人数1500 余人，项目交付使用后，通过楼宇综合用能管理平台共设置 61 条综合节能策略，包括冬天 20℃ 精准控温、夏天 26℃ 精准控温、空调定时开关、30 分钟无人空调照明自动关闭、公共照明集中管控等策略。项目自 2023 年 12 月 18 日底上线以来共执行智能策略管控 1.6 万余次，节省电量 6 万多 kW·h，减碳 36 万 t。按目前数据预估路桥行政中心每年能节省 10% 的用电量，节约 28 万度 kW·h，减少碳排 160t，省下 20 多万元。

年节能数额：281 万 kW·h×10%＝28 万 kW·h

年节省费用：28 万 kW·h×0.78 元/(kW·h)＝21.9 万元

4．项目亮点及推广价值

通过项目的实施，路桥行政中心预计每年能节省 10% 的能耗，按年用电量281 万 kW·h 计算能节约 28 万 kW·h，减少碳排 160t，节省 21.9 万元。另外，结合系统的各类智能分析管控功能，能有效提高管理效率，减少人工成本。本次数字化节能改造便利，不影响办公；使用体验好，不影响舒适度；投资小、回报快，2 年多就能回本；通过项目的实施，我们探索出了一条绿色转型升级、资源高效利用的新路径，持续推进"零碳"机关事务高质量发展。

4.1.5　仙居政府大楼智控平台建设

1．项目概况

仙居政府大楼位于浙江省台州市仙居县城西新区的中心区块，是未来仙居县新的城市中心区。用地面积 36103m²，共 2 个单体建筑，总建筑面积52053m²，如图 4-17 所示。本次项目为行政服务中心建筑群总地块中的地块二，含 2 号、3 号楼（办事大厅、食堂）两栋单体建筑。

2 号、3 号楼兼综合行政服务机构、内部办公、餐饮等功能为一体。其中行政服务中心的设计目标为一个便民、高效、规范的对外办事场所。内部办公、餐饮等功能用房则力求建设一个环境优美、使用便利、内外有别的主要供内部工作人员使用的空间。

本项目针对该政府大楼，从绿色节能、运行安全、智慧管理和便捷服务等 4

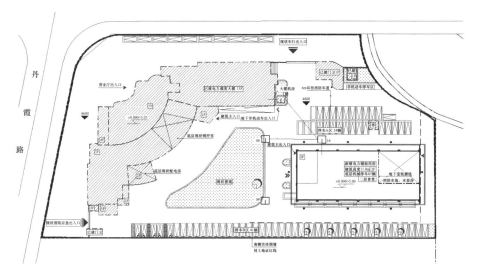

图 4-17　仙居政府大楼平面

个方面进行优化设计。其中绿色节能是通过空调、照明、维护结构等多种节能技术和节能管理理念，实现楼宇综合能效提升；运行安全是通过智慧配电、门禁管理、消防、电梯等多系统的综合管理，实现楼宇安全管理水平提升；智慧管理是能够实现资产的综合管控，用智慧资产运维及提醒机制改善现有人工模式；便捷服务则是以为员工提供舒适、高效的办公环境为目的，做好环境质量监测、安全管理、智慧停车等功能。

2. 改造内容

（1）绿色节能。绿色节能是通过空调、照明、维护结构等多种节能技术和节能管理理念，实现楼宇综合能效提升，主要改造内容为智慧照明系统、保温隔热膜、光伏发电系统、空调系统、雨水回收系统、全电厨房系统。

图 4-18　智慧照明效果

1）智慧照明系统。该系统的主要优势即智慧＋节能，根据会议室、工位、走廊等不同的场景需求，通过单灯控制、回路控制等一系列的控制手段，对建筑内的各类灯具进行控制，实现节能目的，提升管理手段。智慧照明效果如图 4-18 所示。

智慧照明系统的主要功能如下。

a. 公共区域午休期间可以关掉一半照明，下班时间人来灯亮人走灯灭。

b. 办公室内的灯具通过红外移动探测以及人体感应传感器做到人来灯亮，人走灯灭。独立区域也可以按照个性化要求通过照度来控制。

c. 满足不同区域的控制要求的同时实现照明回路的电量监测，实现 50％或者更高的节能率。

2）保温隔热膜。建筑玻璃贴膜采用的保温隔热膜具有良好的隔热节能、防紫外线、提高私密性等多种功能，其结构如图 4-19 所示。

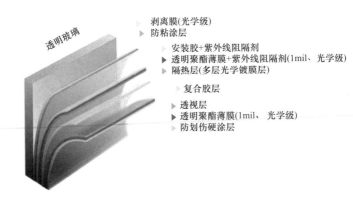

图 4-19 保温隔热膜结构（注：1mil≈ 25.4μm）

该系统的主要功能如下。

a. 隔热节能。玻璃贴膜的金属喷射层可反射和吸收高达 80％的红外线，特别适用于南向、西向、东向玻璃面积大的房子。

b. 防紫外线。窗玻璃贴膜可阻隔 90％以上（防晒指数 100）的有害紫外线，远远高出其他玻璃制品，大大延长家具等的使用寿命。

c. 提高私密性。隔热膜具有单向透视的功能，膜粘贴在窗玻璃内侧，可使住户隐私免受外界窥视。

d. 透光性强。建筑膜具有很好的透过可见光的性能，保证室内有足够的自然光亮度，且能阻隔强烈的眩光。

3）光伏发电系统。通过在停车场顶棚以及屋顶安装光伏发电板，不占用面积的同时实现开源节流，如图 4-20 所示。

4）空调控制系统。目前计划通过空调厂家开放协议，以接口方式将空调系统接入智能建筑管理平台，实现远程分散控制统一管理。空调控制系统如图4-21所示。

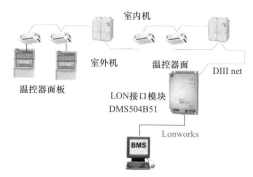

图 4-20　光伏发电板　　　　　　图 4-21　空调控制系统

在厂家提供接口协议的基础上，通过系统集成平台（BMS）的联动功能，对室内有没有用冷（热）需求进行判断，确保房间没人时，空调关闭；或者通过软件强制设定空调的最低温度，避免能耗浪费，可达20%以上节能；也可以与门禁系统联动，人或者车进入建筑时提前打开空调预冷（热），提前将室内温湿度调整到设定值，实现建筑高度智能化。

5）雨水回收系统。雨水回收系统主要是通过收集屋顶、路面、绿地、等雨水并进行回用收集的降水进行二次利用，减少水资源的浪费和节约用水，如图4-22所示。

根据垂直绿化墙的面积，选择合适容量的备用水箱，最低应保证24小时需水量

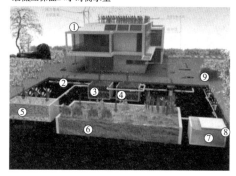

图 4-22　雨水回收系统

1—雨水管；2—连续偏侧流雨污雨分流器；

3、4—循环渗滤系统；5—潜流型湿地；6　生态表面流湿地；7—储存（消毒）；8—溢流管；9—垃圾堆肥

收集来的雨水经过处理可用来浇灌绿地，景观补水，冲刷道路，洗车等；雨水收集处理系统作为一种成本低廉的节水系统，除节水外，在推广与普及解决水资源短缺，提高废水利用也具有一定的示范意义，目前符合国家政策方向，有完善的技术方案进行支持。

6）全电厨房。通过将传统的燃气厨房改造为全电厨房后，由于减少了

明火的存在，相比传统厨房可以有提升出菜速度、节能环保、容易清洁、安全、经济实惠、减少投资等优势。全电厨房外观如图 4-23 所示。

（2）运行安全。运行安全是通过智慧配电、门禁管理、消防、电梯等多系统的综合管理，实现楼宇安全管理水平提升，主要改造内容为 UPS 系统、门禁系统、视频监控系统、入侵报警及电子巡查系统、电梯及变配电监测系统、管网安全系统。

图 4-23　全电厨房外观

1）UPS 系统。该系统的主要功能为：①运行状态监测，包括输入输出电压、频率、UPS 负载情况、内部温度、电池状态等；②控制和设置，设置 UPS 的有关运行参数、运行状态（比如转旁路），对 UPS 运行进行控制，如自检查、电池校准等；③日志功能；④记录功能，完整记录 UPS 运行过程中发生的各种事件和主要运行参数的记录；⑤事件处理功能，根据 UPS 的事件进行相应的处理，比如通知用户，运行特定的命令，关闭操作系统等；⑥安全关机功能；⑦断电保护功能，在 UPS 断电超出一定时间的情况下、保护计算机数据、安全关闭有关应用程序、比如数据库、Web Server 等；⑧主动维护功能；⑨定期自检功能，软件设定定期对 UPS 的功能进行自检；⑩扩展管理功能，包括定时开关机，电池更换报警、电池检测等，在计算机和 UPS 通过软件进行一对一管理的基础上、可以扩展为网络管理，或者支持 SNMP，浏览器，第三方管理软件等网络管理方式。

2）门禁系统。该系统的主要功能为：①可灵活设定持卡人的开门权限、开门时间、有权开门的区域时段；②支持多种开门方式，密码、刷卡、远程开门（需联网）、人脸识别；③将门禁系统信息合并到一卡通系统进行集中管理和使用；④可设置访客机制，进行人脸登记或者二维码登记等登记方式。

3）视频监控系统。视频监控系统主要材料包括：网络红外半球摄像机 10 台、网络红外枪式摄像机 25 台、电梯半球摄像机 1 台、电源 20 台。

4）入侵报警及电子巡查系统。入侵报警系统采用总线方式，接警中心设置在消控室。入侵报警点位主要设置在重要设备用房、资料室、机要室等处；手动报警按钮设置在前台、无障碍卫生间等区域；系统预留容量供后期扩展。本项目室外设置离线式电子巡查系统。在主干道路沿巡查路线设置离线式巡查点。巡查人员在巡查时，须按时、按点的形式进行巡逻，以对保安人员的大楼巡查工作进行监督。巡查工作站设在基地监控室内，由安防工作站兼带。

5）电梯及变配电监测系统。本项目的电梯全部统一集成至系统管理平台，可以在后台读取电梯实时位置、状态。便于对其展开维保计划和实时监控。本项目将变配电的电流、电压、功率因数等变配电数据采集至管理平台，实时读取变配电数据状态。便于对其展开维保计划和实时监控。

6）管网安全监测。本项目对地下的主要消防管路进行压力监测，通过增设压力传感器，将压力数据读取并上传至上位机，通过平台实时监控消防管网压力，并实现阈值报警。通过水表以及流量计，将数据读取至后台能源管理平台，监测用水量，记录非正常时段用水，自动进行水平衡分析，实现供水系统漏水报警提醒。

（3）智慧管理。智慧管理能够实现资产的综合管控，用智慧资产运维及提醒机制改善现有人工模式，具有以下特点：①节能，降低机电设备的能耗，投资回报率较高；②舒适，提供能够自动调节的舒适环境；③经济，延长设备使用寿命，降低管理及操作成本；④管理，将整个园区内的所有机电设备统一管理；⑤易操作，在图形化操作界面上完成一切操作。主要改造内容为物资管理系统、楼宇自控系统、能耗管理系统、系统集成平台。

1）物资管理系统。包括蓝牙网络、物资定位、设备台账、维保信息等功能。

a. 蓝牙网络。以灯为载体，采用最新去中心化的区块链蓝牙 Mesh 通信连接技术，提供更便捷，更稳定，更安全，更低成本的室内物联网络，覆盖物联网的"最后一公里"。由物联照明系统构建的蓝牙网络可以使物资管理系统更加智能化。

b. 物资定位。在需要进行管理的重要物资上添加定位芯片，通过物联系统的蓝牙网络可以实时监测物资的位置，并且在后台进行物资管理。并且根据物资位置设置越线报警等功能。

c. 设备台账。可以在后台查询、筛选各个设备的状态、基本信息、归属人员、设备流动等设备台账信息。

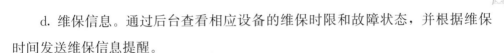

d. 维保信息。通过后台查看相应设备的维保时限和故障状态，并根据维保时间发送维保信息提醒。

2）能耗管理系统。本项目计划通过配置的电能表根据分项统计需要在相应电箱添加。采集器通过 RS-485 总线将电能表的数据采集至上位机软件，将大楼的能耗数据进行分析，产生相应的分析结果和报表数据。支持进行能耗公示，分项分区域计量，以及节能率展示，环比同比能耗对比等功能。

3）智能化集成管理系统。系统基于设备网络，通过标准协议接口，实现综合安防、一卡通、建筑设备监控、智能照明、能源管理等物业管理系统的集成，从而方便管理，减少运营及维护费用。

4）楼宇自控系统。系统主要对园区中的全热交换机，消防水箱，排风机，送风机，排烟兼排风机，生活水箱，消防水池，生活水泵，双泵集水井，单泵集水井等设备进行监测及控制。对于消防水管管道压力实时监测，异常报警。对于消防水泵的故障状态实时监测、故障报警。消防系统、电梯系统、供配电系统通过开放式网关接口接入，只监不控。

（4）便捷服务。智慧管理以为员工提供舒适、高效的办公环境为目的，做好环境质量监测、安全管理、智慧停车等功能。主要改造内容为智慧会议系统、智能充电桩系统、移动 App、智慧停车系统、一卡通系统、智慧后勤系统。

1）智慧会议系统。实现功能为：①参会人员能清晰地观看到电子文件及视频图像显示；②具有会议讨论及摄像机跟踪系统、扩声系统、高清视频显示系统、中央控制系统、无纸化系统、高清视频矩阵系统等功能；③系统由替换的无线手持会议话筒和无线接收机组成的无线会议讨论系统，实现会议讨论无线发言功能；④高清视频显示系统，显示设备由原有设备投影显示、2 台液晶高清显示设备以及加装的 1 套无线显示高清信号接收器和收发器组成，实现一个全高清的视频信号显示功能。

2）智能充电桩系统。本项目为地下电瓶车充电桩建设项目，结合场地实际平面尺寸，机动车位共 505 个，其中地面停车位 56 个，地下 449 个（含 12 个无障碍车位）。非机动车停车位 350 个。

3）移动 App。本项目提供的移动 App 可实现环境查询、设备报警、设备维保等功能。

4）智慧停车系统。采用停车场管理系统，基于现代化电子与信息技术，在停车区域的出入口处安装自动识别装置，通过车牌识别来对出入此区域的车辆实施判断识别、准入/拒绝、引导、记录、收费、放行等智能管理，其目的是有效的控制车辆与人员的出入，记录所有详细资料，实现对基地内车辆与外来访客车辆的安全管理。

5）一卡通系统。一卡通系统可以实现将门禁控制、门店消费、食堂消费等多项功能合并到一张卡，并且设置不同区域，不同人员的权限，便于员工的生活工作和人员管理。

6）智慧后勤系统。本项目设计智慧后勤系统，可以实现后勤管理可视化、简易化。

3. 效益分析

仙居政府大楼从绿色节能、运行安全、智慧管理和便捷服务 4 个方面进行设计，在合同期间内，政府部门可以获得稳定的能源保障和各项物业服务保障，而无需增加各项费用支出。政府可以实现节能技改实施，上线信息化服务，完成节能降耗，最终建立智慧型政府大楼。

4. 项目亮点及推广价值

（1）项目亮点。

1）安全提升。政府能源、设备安全保障和服务体验得到质的提升，让政府大楼管理部门省心、放心，更加聚焦于政府服务主营业务。

2）管理提升。实现对能源、设备、人员的透明化管理；实现对用能部门的能效 KPI 考核。

（2）推广价值。仙居政府大楼系统托管的成功，有助于推动浙江省乃至全国政府大楼的能源供给和智慧化服务侧改革，成为示范和标杆，全面提升政府大楼的社会公共形象。

4.2 中央空调系统能效提升技术及案例分享

4.2.1 背景介绍

为指导和促进建筑业持续健康发展，国家《建筑节能与绿色建筑发展"十三五"规划》提出了明确的目标：建筑能源消费总量控制在全社会能源消费总量控制目标允许范围内；到 2020 年，城镇新建建筑能效水平比 2015 年提升 20%；完成面积 5 亿 m² 以上的既有居住建筑节能改造，完成 1 亿 m² 的公共建筑节能改造。不断增长的建筑面积带来大量的建筑运行能耗需求，更多的建筑意味着要更多能源来满足其供暖、通风、空调、照明、生活热水以及其他各项服务功能。《民用建筑能耗标准》（GB/T 51161—2016）中将新建公共建筑节能与否，从考核"省了多少能"转变为考核"用了多少能"，引导建筑节能工作从"过程节能"到"结果节能"的转变，真正形成公共建筑节能的全过程管理。

由国家发展改革委、工信部、财政部、生态环境部、住房城乡建设部、市场监管总局、国管局共同签署的《绿色高效制冷行动方案》中指出：到 2030 年，大型公共建筑制冷能效提升 30%，制冷总体能效水平提升 25% 以上，绿色高效制冷产品市场占有率提高 40% 以上，实现年节电 4000 亿 kW·h 左右，着重强调要加强制冷领域节能改造，重点支持中央空调节能改造、更新升级制冷技术、设备，优化负荷供需匹配，实现系统经济运行，大幅提升既有系统能效和绿色化水平。

建筑能耗与工业能耗、交通能耗并列，是三大能耗大户。仅仅是建筑物在建造和使用过程中消耗的能源比例，就已经超过全社会能耗的 30%。在现代大型商业建筑中，空调耗电量占比最大，高达 50% 左右。针对大型公共建筑，空调系统的节能性对建筑节能意义重大。

建筑节能是一个多学科，跨专业的综合技术，甚至涉及人文社会、思想价值、国民素质等多方面的综合因素。按节能方法，可以将建筑节能从宏观角度分为行为节能和技术节能，而技术节能又可以划分为工艺节能和工况节能两种情况。

行为节能在我们的日常生活中其实经常用到，比如最后离开房间记得关灯和关空调等电源设备、洗完手后尽快关闭水龙头等，都是典型的行为节能。对于建筑设备运行节能，体现在行为节能方面的就是设备启停，比如大型商场，在晚上停业之前，可以人为提前关停冷水机组的运行，单靠冷冻水的蓄冷量维持一段时间的冷量需求。如果是利用技术手段，准确分析出提前停机时间，就又属于技术节能。

对于技术节能，又可以分为工艺节能和工况节能两种情况。工艺节能主要是指通过引进新方案、新技术或新设备等技术手段，使改进工艺后的建筑能耗较原来的能耗有较大的改善，从而达到节能的效果，随着建筑节能越来越受到国家和社会的重视，工艺节能在这方面的例子特别多，这几年建筑节能大量采用新技术，如地源热泵技术、蓄冰蓄水技术、利用自然通风技术以及墙体保温技术等，都是利用新技术或改进的工艺，从而使建筑能耗大大降低，达到建筑节能的效果。

工况节能主要是针对已有系统在运行期间，既满足工艺生产的技术要求，又最大限度地节约能耗。以中央空调系统为例，对于任何一个中央空调系统，均存在一个最佳的系统运行工况状态点，使系统的运行总能耗最低。这是因为中央空调系统运行所需要的负荷是一个随气候、人员等不确定性因素变化的变量，中央空调系统为了满足空调负荷的变化规律，系统设备运行也必须紧紧跟随负荷的变化，不停地调整系统的运行工况，如调节冷水机组的启停台数和制冷量、冷却、冷冻水泵的频率等运行参数。而系统运行工况的改变，将直接导致系统总能耗的变化，因此对应不同的系统所需空调负荷，也就必然存在一个最佳的系统运行工况点，使中央空调系统总能耗最低。工况节能的最终目的，就是针对中央空调不同的系统负荷，快速寻找负荷对应的系统最佳运行工况点，并通过控制算法确保系统在最佳运行工况点稳定运行。

4.2.2 能效提升技术原理

1. 中央空调能耗管控系统

"能效要看得见"是中央空调系统能效管理的首要条件，通过安装中央空调群控系统，综合分析系统中设备的状态参数（制冷机组 COP、出入温度、流量、压力、系统 COP、制冷效率、冷却效率），根据当前的环境状态，动态平衡子系统的控制参数，在提供服务质量的同时，确保全系统能耗最低。中央空调能耗管控系统架构如图 4-24 所示。

群控系统采用分布式控制，由管理层（极核控制器）和控制层（集成智能变频控制柜、冷却塔控制箱、电能计量箱、冷热量积算仪、各种传感器件以及系统软件）二级网络构成。控制层的每个控制柜均为分布式控制器，各个控制柜、控制箱均完全独立工作，分散了控制系统的故障风险。

（1）智能模糊预期控制技术。群控系统采用了模糊预测算法对冷冻水系统进行控制。当环境温度、空调末端负荷发生变化时，各路冷冻水供回水温度、温差、压差和流量亦随之变化，流量计、压差传感器和温度传感器将检测到的这些参数送至模糊控制器，模糊控制器依据所采集的实时数据及系统的历史运行数据，实时预测计算出末端空调负荷所需的制冷量，以及各路冷冻水供回水温度、温差、压差和流量的最佳值，并以此调节各变频器输出频率，控制冷冻水泵的转速，改变其流量使冷冻水系统的供回水温度、温差、压差和流量运行在模糊控制器给出的最优值。基于负荷预测的模糊控制系统原理如图 4-25 所示。

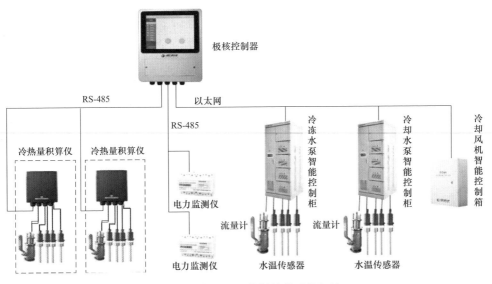

图 4-24　中央空调能耗管控系统架构

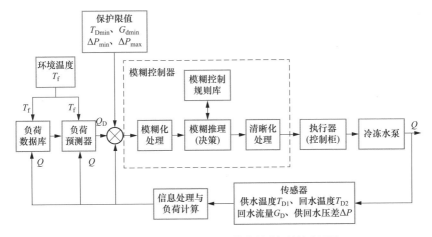

图 4-25　基于负荷预测的模糊控制系统原理图

（2）系统自适应模糊优化控制技术。当环境温度、空调末端负荷发生变化时，中央空调主机的负荷率将随之变化，系统的最佳转换效率也随之变化。模糊控制器在动态预测控制冷媒循环的前提下，依据所采集的空调系统实时数据及系统的历史运行数据，计算出冷却水最佳进、出口温度，并与检测到的实际温度进行比较，根据其偏差值，动态调节冷却水的流量（和冷却塔风量），使系统转换效率逼近不同负荷状态下的最佳值，从而实现中央空调系统运行能耗最大限度地降低。系统自适应模糊优化控制如图 4-26 所示。

（3）控制过程。群控系统适时建立冷源站在不同负荷率及温度（蒸发和冷凝）条件下系统的能效比（系统 COP）数据库，利用模糊优化控制模型，调节冷却水流量和冷却塔风量，改变冷冻水的出水温度，使空调冷源站在当前条件下达到系统效率最高。冷冻水出水温度、制冷负荷与冷水机组 COP 变化关系如图 4-27 所示，控制目标是使系统 COP 值始终处于图示的最高区间（红色区域）运行。

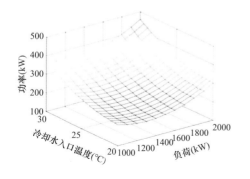

图 4-26　系统自适应模糊优化控制

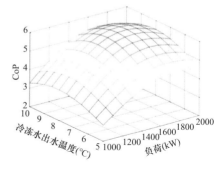

图 4-27　冷冻水出水温度、制冷负荷
与冷水机组 COP 变化关系

2. 水泵优化运行

对于中央空调冷冻水系统采用温差控制策略的冷水机组，在回水温度稳定不变时，当提高冷水机组的冷冻水出口温度，就相当于变相地降低冷冻水系统温差（冷冻水回水温度与供水温度之差），加大冷冻水水泵流量，从而增加冷冻水泵能耗。变流量系统能耗与冷冻水供水温度之间对应关系如图 4-28 所示。

因此在冷冻水泵与冷水机组之间，必然存在一个最优的冷冻水供水温度设定值，以确保冷水机组、冷冻水泵之间达到能耗最优值。同理，在冷却水泵与冷水机组之间也存在一个冷却水供水温度设定值，以确保冷水机组、冷却水泵之间达到能耗最优值。而若将冷却水泵、冷水机组、冷冻水泵组合在一起分析，将发现同时存在一个最佳的冷却水供水温度设定值、冷冻水供水温度设定值，以确保冷却水泵、冷水机组、冷冻水泵综合运行能耗最低。

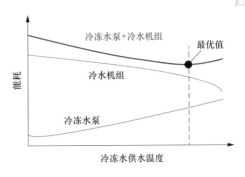

图 4-28　变流量系统能耗与冷冻水
供水温度之间对应关系图

由上面的分析可知，对于特定的中央空调系统，为了降低系统运行整体综合能耗，寻找最佳冷却水、冷冻水供回水温度设定值、水泵电机运行频率控制值之间的关系是重点，具体做法如下。

（1）冷却泵优化控制策略。为了避免冷却水泵因供回水温差太小而造成的大流量小温差现象，应及时调整水泵运行频率，保证水泵持续在高效状态下运行。控制策略可采用恒温差控制，根据负荷热量变化及时调整冷却水泵的运行频率：当温差高于设定值＋偏差时，增加水泵频率；当温差低于设定值-偏差时，降低水泵频率。但频率不应低于 35Hz。

（2）冷冻泵优化控制策略。由于冷冻水泵均采用变频控制，为了根据负载需求动态调整水泵频率及运行台数，可增加供回水压力监测，根据供回水压差及时调整水泵的运行频率，当压差低于设定值-偏差或温差高于设定值＋偏差时（偏差值可设定），增加水泵频率；压差高于设定值＋偏差及温差低于设定值-偏差时，降低水泵频率。另外，根据热量负荷实际调频，上班初期负荷高，采用小温差控制，下班前负荷需求降低，可降低频率减少热量输出。同时为了保证冷水机组的高效运行，冷冻水出水温度可通过整体优化算法重新设定，在保证满足空调系统需求的情况下，提高冷水机组的综合能效比。

3. 冷却塔优化运行

冷却塔是冷冻站的组成部分，功能是排除冷水机组冷凝器侧的热量，其性能的优劣将直接影响冷水机组的能耗。对于冷水机组而言，冷却水温越低，冷水机组的冷凝压力越低，所以在一定范围内尽量降低冷水机组冷却水进机组温度可以提高冷水机组效率。为了获得适宜的冷却水，可采取以下节能优化措施。

（1）根据冷却塔出水温度自动调整冷却塔风机的运行台数及频率。当出塔温度高于设定值＋偏差时（偏差值可设定），整体提高风机运行频率；出塔温度低于设定值偏差时，整体降低风机运行频率，频率不应低于30Hz。当频率达到下限其出塔温度仍低于设定值-偏差时，应按组关闭风机。

（2）冷却塔出水温度设定值智能修正。运行良好的冷却塔的出水温度应比室外湿球温度高3～5℃，因此可利用自控系统中已设置的室外温湿度，计算室外湿球温度，通过比较冷却塔出水温度和室外空气湿球温度来实时监测冷却塔运行效果，并对冷却塔出水温度设定值进行智能重设。

（3）变流量喷嘴稳定流量。传统的冷却塔布水盘是平面布水，冷却水优先从靠近进水管道的下水孔流向填料，离进水管道较远的下水孔分不到水，其对应的填料得不到有效利用，冷却效果不佳。变流量喷嘴采用立式下水槽设计，进入布水盘的冷却水首先形成积水，然后从每个下水孔流向填料，使得填料得到充分的利用。传统喷嘴与变流量喷嘴效果对比如图4-29所示。

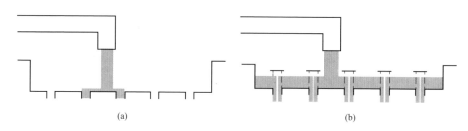

图 4-29　传统喷嘴与变流量喷嘴效果对比

（a）传统喷嘴；（b）变流量喷嘴

4. 末端空调集中管控

由于无人空调、空调温度设置过高/过低、提前开启延后关闭空调使用、人走空调不关等现象，极大造成空调用电的浪费。针对上述问题，可加装带通信功能的无线组网智能末端控制器。借助于能源管理平台统一管理，通过集中控制和远程操作对多个空调面板实现批量操作、统一管理、基于建筑或部门维度，针对楼、楼层、房间等，通过集中控制可以对所属空调的开关状态、设定温度、运行风向、节能命令、遥控开关等进行批量远程操作，实现了末端空调按需供给，精准节能。空调监控管理硬件架构如图 4-30 所示，包括感知控制层、传输层和应用层。

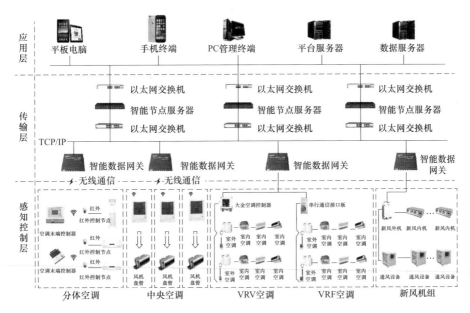

图 4-30　空调监控管理硬件架构

感知层设备由节能服务公司全部更换为最新型无线组网设备。空调末端设备的运行状态可通过简易中央控制进行查看和设置；传输层的无线网关监视室内空调末端设备的变量参数；应用层面上的物管终端系统通过无线网关将参数（初始值设定，控制参数设定等）下发至末端设备，并对整个空调系统实行系统管理。

末端管控系统是以监测空调运行参数为手段，以空调节能运行控制管理为目的的 Web 化系统，通过以楼层和部门两个维度在线监测空调运转模式、室内温度、设定温度等运行参数，并进行周期采集，进而对数据进行统计、分析，在此基础上建立一套相应的空调节能管理模型，通过配以策略配置、集中控制、违规用电等全方位手段，实现了空调的运行远程监测、分析与使用管控，最终通过使用者的自主行为节能、管理者远程调控节能和设备定时或变量控制。空调监控管理系统是一款集分体空调、中央空调为一体的集成监控管理软件，主要功能表现如下。

（1）实时监测与控制。通过平台监测显示空调的基本信息，内机当前运行参数信息，其中包括室内温度、开关状态、运行模式、设定温度等，同时模拟内机面板和各控制状态按钮，更加逼真地对远程面板的开关状态、运转模式、设定温度、风向等进行控制。楼层监控界面和面板控制界面分别如图 4-31 和图 4-32 所示。

图 4-31　楼层监控界面

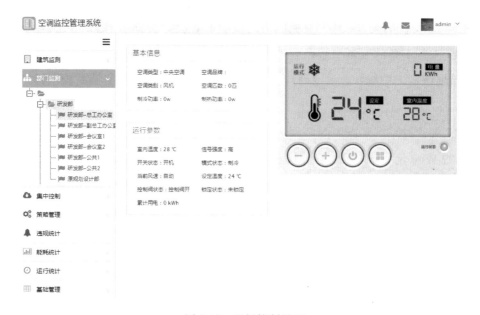

图 4-32　面板控制界面

（2）节能策略管理。配合国家空调节能要求，即制冷温度不能低于 26℃，制热温度不能高于 30℃，当选择强制节能时，该模型下所关联的空调温度命令开启（即不能在终端进行温度调节），同时将空调温度设置成节能模型所设强制温度；当取消或没有选择强制节能时，将该模型下所关联的空调温度命令关闭（即可以在终端进行温度调节），并将节能命令打开；当删除节能模型时，将该模型下所关联的空调遥控温度命令关闭（即可以在终端进行温度调节），节能命令置为关状态。控制策略配置界面如图 4-33 所示。

图 4-33　控制策略配置界面

4.2.3　仙居党校综合能源服务项目

1. 项目概况

仙居县委党校现有建筑建成于 1994 年，是党委的重要部门，是培训党员领导干部的主渠道，是党的思想理论建设的重要阵地和哲学社会科学研究机构。开展绿色学校创建是党校贯彻落实习近平生态文明思想的重要举措，也是创建全省标杆引领类县级党校的重要指标要求。

仙居党校根据中共浙江省委党校（浙江行政学院）办公室关于推动全省党

校（行政学院）系统绿色学校创建工作的通知有关文件就学校系统管理和空调节能控制方面向综和能源公司提出改造诉求，双方结合文件有关内容及现场勘察发现，如果改善以下内容，可增加绿色学校创建的得分项：①学校没有自己的系统管理平台，没有详细的数据支持，导致无法找到详细的用能不合理位置；②学校的空调系统没有节能控制，而空调系统是学校的用电大头，是节能减排的"关键点"。

按照浙江省党校（行政学院）系统绿色学校创建评分细则就学校系统管理和空调节能控制方面进行了节能改造：①建立综合能源智能管控平台及配电房无人值守系统，按照部门、建筑区域两个维度归于电、水、其他能源等数据，按二级计量要求重点区域三级计量，进行定性定量综合分析管理；②空调用能智能优化服务，兼容各类型空调（多联机、分体）、各品牌空调。基于能源管理者、设备运行管理者、设备使用者3类角色定义，按建筑和部门两个维度，实现对空调末端时控和温度策略管理、运行监测管理、违规预警管理、统计分析管理、空调使用管理。

本项目涉及增加20台智能电力监控终端、60个电流互感器、7台数据采集器、5台网络机柜、6台交换机、1套用电计量监测系统、5台管段式智能远传水表、1台球阀、4台暗杆闸阀、1套用水计量监测系统、59台多联机控制器、1套空调智控系统软件、1台塔式服务器、1套能源管控平台系统软件以及电缆等，同时保留原有空调设备。在对现有设备运行最小影响的条件下，达到系统性节能目标。

2. 改造内容

（1）打造综合能效管控平台。

1）用能可视化。采用物联网技术，远程采集、无线传输、记录和分析企业用能数据，提供详尽的、可追溯的历史数据及各个参数之间的相互关系，让党校直观地了解自己用能情况，实现了用能可视化。从而发现党校在运行方式、用能结构，能源消耗架构中存在的问题。通过有针对性地调整运行方式、优化用能和调配能源消耗的结构。在不用增加大的设备投资的情况下，实现合理用能、节约能耗，从而保证党校安全、节能地用能。

2）配电房监控系统。通过在配电室安装多功能计量仪表，实现低压侧的监

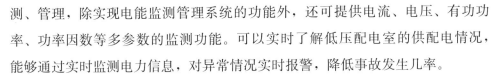

测、管理，除实现电能监测管理系统的功能外，还可提供电流、电压、有功功率、功率因数等多参数的监测功能。可以实时了解低压配电室的供配电情况，能够通过实时监测电力信息，对异常情况实时报警，降低事故发生几率。

3）现场低压馈线回路改造。通过对现场低压馈线回路的改造，使馈线回路具备远程控制功能。馈线回路通过通信管理机实现对多条馈线回路点参量的集中采集，直观地了解各个馈线的运行负荷状态和开关位置，遇到特殊或紧急情况时，实现远程的开关控制。

4）用能设备数据监测。为配电设备实时数据展示区，平台底层设置了高达56 项用电数据的采集，支持包括水、电、气、热以及风光储新型能源在内的各种能耗数据的采集，用能设备数据监控系统实施展示数据趋势，并展示不同数据项。为提高展示效果，平台将每日的极值重点标出。并且根据每个时段的用能情况，产生数据报表，为用户能耗分析提供了数据基础。同时还可开发接入第三方设备对温度，烟雾探测及视频实况进行记录；对用能设备发生异常情况能通过声音文字信号及时报警。

（2）优化空调运行。

1）建设空调智能管控系统。积极响应国家节能减排的号召，实现经济的可持续发展。建设空调智能管控系统，调节末端温度设定，提高空调利用率，降低能耗，可实现以下功能：①空调系统各部分直接关联，使供应侧与末端需求侧联动，充分利用实时的室内温湿度准确计算末端的制冷需求；②系统通过了解当前负荷情况、用户侧对制冷的响应能力、负荷在未来的变化趋势、各种设备目前的出力能力、效率曲线等，为空调冷源制定经济合理的运行计划，并在此基础上从大量可行方案中优选出最佳方案；③根据运行数据辅助运行人员对设备进行健康状况的量化评估，在第一时间检测出设备性能的退化并及时作并对设备进行维护，从第三方的角度为设备维护提供决策支持。

2）设备安装建设。基于电气设备的控制优势，进行了以下几方面的设备安装建设。

a. 在空调机组配电柜内新加装智能电能表，结合能耗监测平台，实时计量监测用户各设备运行负荷，主要用以记录多联机空调机组的用电量。电能表间采用"手拉手"连接，通过标准的 RJ-45 接口（标准 Modbus RTU 协议）与智能终端进行通信，主要采集空调设备及主机的电压、电流、功率等参数。

b. 空调机组加装通信板，用于采集空调机组数据及远程控制，通过 RS-485 总线上传至需求响应终端。

c. 在室内、外分别安装温湿度传感器，通过 RS-485 总线上传至需求响应终端。

d. 在两个多联机主机群就近选取墙面完成需求响应终端控制柜的安装建设。

3. 效益分析

（1）经济效益。建立完整的节约型综合能源管理系统体系，有利于在掌握能源消耗状况及问题所在的基础上，有效开展节能改造工作，逐渐取代低效、随意性大、可靠性差的传统能源管理方式，实现现代化科学管理，以保证获得长久实效的节约效果。经过能耗的实时监控和数据的分析，加上行之有效的节能控制措施及手段，将有效地促使机构降低各类能耗。预计节约总能耗的 20%，节电率提升至 25%。

（2）生态效益。通过平台建议方案以及对单位人员的节能培训实现经济合理化用能，减少党校对能源消耗，提高能源利用率，减少碳排放，有效保护生态环境。

4. 项目亮点及推广价值

（1）项目亮点。

1）符合《国务院关于印发"十四五"节能减排综合工作方案的通知》要求，通过深入全面开展绿色学校的创建活动，仙居党校不仅能满足党校日常办公需求，而且提高能源利用率，降低党校运作成本。

2）参评绿色智慧校园。通过党校管理平台的建设、党校用能监测以及空调智能化管理系统建设改造后党校在绿色党校建设中综合提分可达 12 分以上。

（2）推广价值。从全省公共机构节能工作大局着眼，通过教学培训、实践体验等途径，大力宣传节能政策、法规和相关知识，引导党员干部增强节能意识，促进了全省能源资源节约型机关建设。

4.2.4 黄岩区行政中心能效提升项目

1. 项目概况

台州市黄岩区行政中心位于台州市黄岩区东城街道县前街，整体建筑由主楼、档案馆、文体中心构成，主楼共 21 层，档案馆和文体中心为 3 层，建筑面积约 12 万 m²，办公人员约 2000 人，大楼整体用能为空调系统、照明系统、室内办公设备、公共设备、通风等设备系统、服务器机房系统等。

（1）用能数据。2019—2022 年的逐月用能数据及费用见表 4-1。

表 4-1　　　　　　　　　　　2019—2022 年的逐月用能数据及费用

月份	2019 年		2020 年		2021 年		2022 年	
	电量/(kW·h)	电费/元	电量/(kW·h)	电费/元	电量/(kW·h)	电费/元	电量/(kW·h)	电费/元
1	352170	257808	188820	124398	394620	259983	369540	251287
2	318510	233167	389040	256307	286680	188870	363600	247248
3	282750	206988	278760	171564	317760	209346	324060	220361
4	293490	213005	284400	177999	289620	190807	308400	209712
5	272700	193725	286320	179201	391920	258204	337200	229296
6	299550	212799	811560	507938	568620	374618	522900	355572
7	465270	323327	730140	456979	739440	487157	750240	510163
8	588000	387386	747300	467719	701580	462214	848040	576667
9	599460	394936	586080	366815	679200	447470	567120	385642
10	445620	293583	331440	207441	378540	249389	398876	271236
11	308820	203456	307140	192232	280320	184680	302256	205534
12	437588	288291	374400	234329	358800	264197	368945	250883
合计	4663928	3208471	5315400	3342922	5387100	3576935	5461177	3713600

可以看出，2020 年同比 2019 年增长了 13.97％，2021 年同比 2020 年增长了 1.35％，黄岩区行政中心近两年的能耗趋于平稳。但随着设备持续运行，设备逐年老化，未来能耗增长率将会提高，能源费用增长有失控的风险。

主楼空调为 3 台水冷机组，3 台主机（2 主 1 备），冬季供暖由燃气锅炉提供，开启时间为早 8 点至晚 5 点；档案馆空调为 4 台多联机及 3 台风冷热泵机组（2 主 1 备），其中风冷热泵需全年常开；文体中心空调为 7 台多联机及 2 台水冷机组（1 主 1 备），食堂空调为 24 台美的多联机。所有楼栋的水冷主机及风冷热泵无集中管控系统，空调机房循环泵未进行变频改造。

（2）能耗分析。根据现场勘察、能源计量系统及能源账单分析，通过对具体用能分类，主要分为空调机房能耗、应急照明能耗、公共照明能耗、办公照明插座能耗、食堂能耗、给排水泵、消防、电梯等，2022 年各项用能清单见表 4-2。

表 4-2   2022 年各项用能清单

序号	类别	用电能耗/(kW·h)	比例
1	冷热源机房	984094.875	18.39%
2	风冷热泵	999613.5	18.68%
3	其他空调	659274	12.32%
4	照明插座	471445.125	8.81%
5	公区照明	206558.25	3.86%
6	应急照明	57258.375	1.07%
7	电梯	356393.25	6.66%
8	公区设备	226893	4.24%
9	数据机房	279870.375	5.23%
10	食堂动力	673187.25	12.58%
11	消防	181942.5	3.40%
12	变压器及线损	254719.5	4.76%

空调用电占整体用电能耗的 49%，其中冷热源机房占整体用电能耗的 18% 左右。因此，行政中心迫切需要一套完整的智慧能源管理平台，来实现对行政中心建筑设施设备运行工况数据与能耗数据的横向和纵向分析；实时感知和预警单位建筑和重点设施设备的基础信息及动态变化，实现设备能效的可视化管理。

2. 改造内容

（1）增设能源管理平台。该平台涉及中央空调控制系统、VRV/风冷热泵中央空调、行政中心末端空调集中管理系统等众多节能系统，并且需要建设分项计量及管理的能耗管理系统，涉及众多物联设备，并且包含多个应用系统，总体方案设计上，需要遵循综合能源专属平台的架构。充分结合泛在电力物联网的建设，运用互联网+"大云物移智"先进技术，对行政中心主要机电设备（中央空调系统、末端空调系统、水、电、气能耗计量系统等）进行智能管控，实现绿色智慧运营，实现综合能源服务三流合一，通过数据的实时监测和对比结合能耗管理方法的提升促进节能降耗。总体技术架构方案如图 4-34 所示。

根据泛在、智能、共享、协作的理念，综合服务专属平台采用了云管边端的架构设计，如图 4-35 所示。包括能源数据中心、企业中台、业务应用。综合能源服务离不开计量与采集，各个节能控制系统平台需要最大程度上支持生态硬件设备的友好泛在接入，支持云管边端的物联网架构。

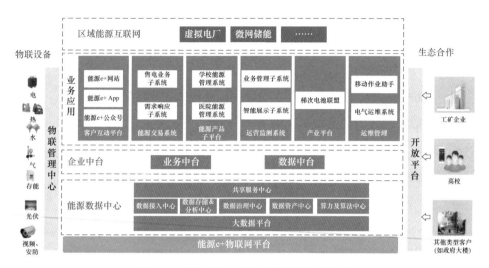

图 4-34　能源管理平台总体技术架构方案

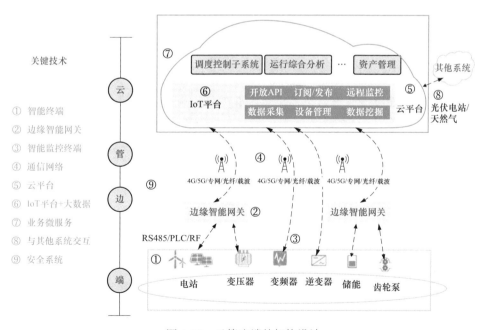

图 4-35　云管边端的架构设计

1）支持节能控制系统通过接入综合能源服务网关，进行统一管理及控制。

2）支持节能控制功能根据不同的应用场景，按照边缘计算定义，定义不同嵌入式软件 App，作为综合能源服务网关业务程序，在网关上按需定制应用。

3）支持中央空调控制系统、VRV/风冷热泵中央空调、行政中心末端空调集中管理系统、照明系统高效光源节能系统的控制指令统一通过综合服务专属平台的统一控制通道，从云端对边缘侧设备及系统进行控制。

4）支持综合能耗管理系统相关能耗采集设备，通过综合能源服务网关接入综合能源专属平台物联管理中心，统一管理、统一接入、统一控制。

5）支持网关基于能源物联网平台，接入能源数据中心。

6）考虑到现场缺少有效的能源计量手段，无法对能源流向进行统计分析，增设了能耗计量管控系统。安装电流互感器，对接变电站表具 106 块，实时计量各分项能耗数据。

（2）空调优化管理。

1）增加能效平衡调节仪。将两个空调机房内的 5 台水冷机组接入系统并进行策略集中管控。冷热量平衡调节仪主要调节分水器供给的建筑各楼层或区域的供冷量。根据建筑楼栋各楼层或区域供热需求的不同，通过控制器数据分析处理，根据冷冻水管网温度、压力及流量实时数据，调节电动调节阀运行状态，合理分配中央空调系统的供冷量，保障供冷近端及末端的供冷管网水力平衡，实现各楼层或区域的供冷量按需分配，提高主机 COP 值。

当气候条件或空调末端负荷发生变化时，空调冷冻水系统供回水温度、温差、压差和流量亦随之变化，控制器依据所采集的实时数据调节各变频器输出频率，控制冷冻水泵的转速，改变其流量，使冷冻水系统的供回水温度、温差、压差和流量运行在控制器给出的最优值，使系统输出能量与末端负荷需求相匹配。

通过联合变频控制技术，调节风机的运行频率，降低冷却水的回水温度。基于冷却塔优异的冷却能力，以主机冷凝器的安全流量为基数，通过建立科学的冷凝模型，调节冷却水流量满足主机的冷凝要求，实时跟踪机组因负荷变化造成的加载、减载与最佳冷凝温度，再参考冷却塔的实际冷却效果和能力，调整冷却水循环系统，使其扬程、流量达到最佳匹配状态，保持冷却水系统时刻处在最佳输送系数范围内，降低冷却泵的能耗，同时减少主机的能耗。

2）将 700 个风机盘管控制面板更换智能控制面板空调末端接入系统并进行

集中管控。由于原空调末端装置功能单一且无通信功能，本改造项目借助于能源管理平台统一管理，通过集中控制和远程操作对 700 个空调面板实现批量操作、统一管理、基于建筑或部门维度，针对楼、楼层、房间等，通过集中控制可以对所属空调的开关状态、设定温度、运行风向、节能命令、遥控开关等进行批量远程操作，实现了末端空调按需供给，精准节能，改造前后的末端控制器如图 4-36 所示。

(a)　　　　　　　　　　　　　　　　(b)

图 4-36　改造前后的末端控制器

(a) 改造前；(b) 改造后

3）将文体中心及食堂的 35 台多联机接入系统并集中管控。

3. 效益分析

（1）经济效益。项目节能技术改造综合节能率为 25.98%，年节能量为 373692kW·h，参考 2022 年平均电价 0.7388 元/(kW·h)，年节约费用为 27.61 万元，总投资金额为 166.5 万元，其中设备投入 118.5 万元，精细化管理费用 6 万元/年。项目预计 5.51 年回收（静态回收期）。

（2）环境效益。通过本次节能改造，年节约用电约 373692kW·h，可减少建筑消耗标准煤量 149tce，大大减少污染物生产，有效保护生态环境。

4. 项目亮点及推广价值

（1）项目亮点。

1）构建能源管理物联网平台，对行政中心主要机电设备（中央空调系统、末端空调系统、电能耗计量系统等）进行智能管控，实现绿色智慧运营。

2）改造方案兼顾技术节能与管理节能，末端空调集中管理节能改造。通过集中控制和远程操作对空调面板实现批量操作、统一管理、基于建筑或部门维度，针对楼、楼层、房间等；通过集中控制可以对所属空调的开关状态、设定温度、运行风向、节能命令、遥控开关等进行批量远程操作，实现空调系统的区域管控、集中管理，提高管理性节能指标。

（2）推广价值。

1）对党政机关楼宇建筑实施能效服务，通过技术节能和管理节能手段可实现建筑用能费用的明显下降。合同能源管理模式的实施可降低整体投资风险，在用户节能改造"零投资"的前提下，通过能耗分析、潜力挖掘、节能改造等手段，直观降低客户能耗水平的同时极大地缓解用户的年度资金压力，合同期满设备无偿移交给用户、用户继续享有节能收益；节能服务公司则可通过技术和管理节能回收投资成本、实现项目盈利。

2）中央空调的集中管理一方面为运维人员对设备安全、可靠运行提供保障的工具，另一方面为管理人员对设备运行、人员工作提供信息透明，可监、可统、可管的工具，实现各类 KPI、实时监测、图表统计、报表管理、报警管理、基础信息等功能。

3）通过节能改造可减少党政机关建筑消耗标准煤量和二氧化碳排放量，节能减排效益明显；在当前国家提倡创建节约型机关的大背景，社会示范效益尤其突出。

4.3 智慧照明能效提升技术及案例分享

4.3.1 背景介绍

2016 年印发的《浙江省"十三五"节能规划》提出，加快淘汰低效照明产品，重点推广半导体照明产品。支持荧光灯生产企业实施低汞、固汞技术改造。推广半导体通用照明产品在工业企业、公共机构以及宾馆、商厦、道路、隧道、机场、码头等领域的应用。加快城市道路照明系统改造，控制过度装饰和亮化。《浙江省加快半导体照明产业发展实施意见》，明确要求在公共建筑中使用 LED 照明，新建和改造城市道路、商业区、广场、公园、公共绿地、景区、名胜古迹、停车场和城市绿色建筑示范区应优先使用 LED 照明产品。各级政府进一步加大对照明设施建设、改造的投入，积极开展城市智慧照明建设示范试点。

2020 年，《浙江省多功能智慧灯杆标准》正式发布实施，积极有序推动浙江省城市照明灯杆综合利用并努力打造与智慧城市建设相呼应的"智慧灯杆"，深入规范和指导智慧灯杆规划、建设和运维，美化城市道路环境，优化城市空间结构，合理运行维护成本，促进城市高质量发展。

随着城镇化建设进程的加快，城市公共照明和建筑内公共区域照明设施的建设规模日益增大，加大了对能源的需求和消耗。在能源日益短缺，温室效应越来越严重的大背景下，我国明确把"双碳"工作纳入生态文明建设整体布局中。公共建筑智慧照明系统能控制能源消耗、延长灯具寿命、降低维护和管理成本，是公共建筑智慧化建设的必然趋势。

智慧照明，又叫智慧公共照明管理平台、智能路灯，是通过应用先进、高效、可靠的电力线载波通信技术和无线 GPRS/CDMA 通信技术等，实现对路灯的远程集中控制与管理，具有根据车流量自动调节亮度等功能。此外，智慧照明还可以通过采集洞内外光亮度、车流量、车速等信息，并结合日出日落时间，对隧道内各段照明灯具分组控制，避免洞内外光差，确保行车安全。

公共建筑的智慧照明系统通常包括照明控制、节能监测、能耗统计、场景设置等功能，可以根据不同区域和不同时间段进行精细化控制，实现照明环境的节能化、舒适化和智能化。公共建筑智慧照明的应用范围广泛，包括办公建筑、学校建筑、医院和保健设施、零售场所等。在办公建筑中，智慧照明系统可以根据日光水平和占用情况自动调节照明水平，提供舒适和高效的工作环境，同时节省能源和减少维护成本；在学校建筑中，智慧照明系统可以帮助改善学习环境，提供灵活的照明水平，适应不同类型的活动需求；在医疗保健设施中，智慧照明系统可以为病人和工作人员提供一个舒适和安全的环境，同时提供灵活的照明水平，适应不同类型的治疗需求；在零售场所中，智慧照明系统可以帮助为顾客创造一个具有视觉吸引力的环境，同时提供可调节的照明水平和自动照明控制，以适应环境的变化。

4.3.2　能效提升技术原理

1. 照明光源改造

照明系统中，节能改造的主要实施途径为照明光源改造。由于 LED 光源相比传统光源光效高、功率低，因此具有显著的节能效果。

159

对已实施灯具替换的项目统计发现，灯具替换平均节能率为 14.99%，占项目总节能量的 60%～70%，节能效果非常可观。灯具替换单项技术节能率如图 4-37 所示。

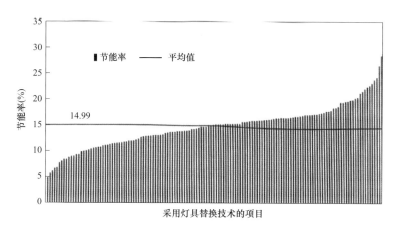

图 4-37　灯具替换单项技术节能率

从节能率分布上来看，不同项目照明系统改造的节能率差别较大，主要取决于建筑原有灯具类型，如宾馆饭店中安装有大量用于装饰性照明的传统卤素射灯，而 LED 射灯的光效是传统卤素射灯光效的 5 倍左右，理论上采用 LED 射灯替换传统卤素射灯可节能 80%，因此宾馆饭店建筑灯具替换效果最为理想。

除此之外，由于照明光源改造相对其他技术而言更为简单有效，因此在公共建筑节能改造中均采用照明光源改造技术手段。然而在实际工程中，照明改造的实施效果参差不齐，原因除了灯具照度等效替换不合理，LED 灯具本身质量问题之外，还有改造中照明二次设计的缺失。影响改造效果的主要因素包括光源质量、单灯具照度的等效替换以及人工照明质量改善方法。

（1）光源质量。一般来说，评价 LED 光源质量主要考察的指标有功率因数、初始光效、显色指数、平均寿命等，《普通照明用非定向自镇流 LED 灯性能要求》（GB/T 24908—2014）中对这些参数进行了相应规定，部分要求见表 4-3。

表 4-3　　　　　　　　GB/T 24908—2014 中部分参数要求

评价指标	要求
功率因数	标称功率不大于 5W 时，不低于 0.4
	标称功率大于 5W 时，不低于 0.7

评价指标	要求
初始光效	Ⅰ级：100（色调 65/50/40），95（色调 35/30/37） Ⅱ级：85（色调 65/50/40），80（色调 35/30/37） Ⅲ级：70（色调 65/50/40），65（色调 35/30/37）
显色指数	一般显色指数≥80（标称高显色指数 90）
平均寿命	不低于 25000h

在进行 LED 灯具选择时，应着重考虑以下几项指标。

1）驱动电源类型。LED 光源所需求的驱动电流是低电压的直流电，必须依靠 LED 驱动电源将 220V 交流电转换为低电压的直流电才能正常运行。LED 芯片本身的寿命很长，目前可以达到 50000h，但是 LED 驱动电源中的电解电容寿命较短，通常为 5000～10000h，LED 整灯寿命主要受电源寿命限制。

LED 驱动电源有多种分类方式，如果按照设计与驱动方式进行分类，常见的 LED 驱动电源有阻容降压式与线性恒流式两类。阻容降压式驱动电源采用电阻、电容降压，再通过二极管稳压，向 LED 灯具供电，这种电源设计简单，成本低，但是存在较大的缺陷：一方面是其自身损耗高，且损耗与通过的电流大小成正比，因而不适合在较大功率的灯具上使用；另一方面是采用阻容降压方式驱动 LED，亮度不能稳定，且会随着电压波动而改变。线性恒流式电源的设计原理是保证电流的稳定，并在一定程度上满足 LED 灯具电压的需求，在该类型驱动电源下，恒定的电流将会保证 LED 亮度的稳定与使用安全，并提高 LED 的寿命，是现阶段比较稳定的驱动电源，但比阻容降压式电源成本要高。

对民用建筑室内照明光源来说，线性恒流式电源有较好的亮度稳定性与安全性，是一种适宜的 LED 驱动电源；阻容降压式电源虽然成本低但稳定性、安全性较差。一些节能改造工程中为了降低成本采用阻容降压式 LED 灯具，但从长远来看，阻容降压式电源的稳定性较差，缩短了 LED 灯具的寿命，导致改造后维护、换灯成本增加。

2）功率因数。LED 驱动电源中存在容性负载，对于未采用功率因数校正或功率因数无有效校正的低功率驱动电源，其功率因数甚至会低于 0.5，大量使用低功率因数的 LED 灯具将可能导致严重的谐波电流，污染公共电网，增加线路损耗，降低供电质量，影响供电安全。对于照明能耗占比较高的建筑，大量使用功率因数过低的 LED 灯具作为节能改造的替换光源，会导致建筑整体用电功率因数大幅度下滑。

3）显色指数。显色指数是 LED 光源质量的另一个重要指标参数，在许多特殊场合，如超市的生鲜区、商场的珠宝区等，对 LED 光源的显色指数有比较高的要求。对于这些场所的 LED 光源选择，应以保证建筑使用要求为前提，选择满足显色指数要求的光源。

《建筑照明设计标准》（GB 50034—2013）中规定，长期工作、停留的房间或场所，照明光源的显色指数不应小于 80。因此，节能改造中应特别注意所选择 LED 光源的显色指数，不可为了节省投资、提高节能率而忽视显色性的要求。

（2）单灯具照度的等效替换。灯具替换不合理，照度反而下降，甚至低于标准的照度要求。根据《照明测试方法》（GB/T 5700—2023）对照度进行灯具照度和功率的测试，在满足照度一致（或略高）的前提下，各种灯具替换后的节能效果见表 4-4。

表 4-4　　　　　　　　　　　　灯具替换后的节能效果

灯具类型		节能率（%）
替换之前	替换之后	
28W T5 直管荧光灯	15W T5 LED 灯管	46.4
36W T8 直管荧光灯	18W T5 LED 灯管	50
60W 普通灯泡	6W LED 球泡	90
25W 普通灯泡	6W LED 球泡	76
25W 普通灯泡	2W LED 球泡	92
13W 节能灯	6W LED 球泡	53.8
8W 节能灯	6W LED 球泡	25

可以看出，不同的更换原则，可以有不同的节能率，将直管荧光灯替换为 LED 灯管，节能率在 50% 左右；将普通灯泡替换为 LED 球泡，节能率为 70%～90%；将节能灯替换为 LED 灯泡，节能率为 25%～53.8%。由此可见，在进行照明系统改造时，灯具的更换应考虑照度要求的满足，并且灯具更换的节能量并不是恒定的，需要根据不同类型的灯具进行实际分析。

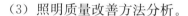

（3）照明质量改善方法分析。

1）照度均匀度。出于施工方便与成本控制考虑，许多工程中采取的是一替一式的替换灯源，不替换原有灯具，这种替换方式可能会导致改造后照明质量下降。因为原有灯具设计位置是基于传统荧光灯确定的，而 LED 灯具与传统荧光灯相比，光效高、发光角度小。使用 LED 灯具替换后由于发光角度的减少，其光照均匀度有降低的风险。根据 GB 50034—2013 中的规定，取 0.75m 高度处为工作面，工作面标准照度为 300lx，壁面反射率为 0.5，地面反射率为 0.2，天花板反射率为 0.7，目标照度均匀度为 0.6。

2）眩光控制。改造工程中只替换光源，不改变原有灯具，可能会造成另一个问题就是眩光。因为传统光源的发光角度为 360°，LED 光源的发光角度一般在 120°左右。在相同的光通量下后者有更高的发光强度，光通量更集中，与背景亮度差异更大，眩光感受更加明显。因此，出于对眩光控制要求，应在改造工程中根据新光源特性更换原有灯具，以满足遮光角的要求。建议采用一体化的 LED 灯具，或采用漫反射暗装 LED 灯具，以及其他可以增加遮光角的措施。

3）光源色温。人工光源具有光色的属性，体现为所发射光的色调。色温是表征光源光色的指标，对于不同功能类型的房间有不同的色温要求，GB 50034—2013 中对各类房间的色温均有规定，具体见表 4-5。

表 4-5　　　　　　　　GB 50034—2013 中对各类房间的色温规定

相关色温/K	色表特性	适用场所
<3300	暖	客房、卧室、病房、酒吧
3300~5300	中间	办公室、教室、阅览室、商场、诊室、检验室、实验室、控制室、机加工车间
>5300	冷	热加工车间、高照度场所

此外，标准还要求当选用发光二极管灯光源时，长期工作或停留的房间或场所，色温不宜高于 4000K。总体来说，对于公共建筑建筑，色温的选择应该以暖色调与中间色调为主。

2. 照明控制改造

照明光源替换通过降低灯具功率进行节能，而照明控制改造则通过降低灯具开启时间和同时使用率进行节能。随着改造进入"深水区"，照明控制改造将会逐步成为照明节能改造的常规方式。

（1）智慧照明系统。智慧照明系统是集智能照明控制器、传感器、LED灯具于一体，依靠先进的照明控制技术对照明设备进行统一管理和监测，确保照明环境的舒适度和节能效果。智慧照明系统实现自动调节照明水平的方式通常包括以下几种。

1）环境光感应。系统中的光感应器可以主动检测环境光线的强度，根据预设的参数调节照明设备的亮度，使其增强或减弱照明效果。

2）人体红外感应。智能照明系统还可以通过红外感应器检测人体的存在。当有人进入感应范围时，红外感应器会向控制器发送信号，控制器会打开照明设备；当人离开感应范围时，控制器会在一定时间后关闭照明设备，以节能和提高使用寿命。

3）时间控制。智能照明系统可以根据预设的时间表进行照明控制。比如，在白天和晚上的特定时间段，系统会自动调节照明设备的亮度，以适应不同的环境需求。

4）照度控制。根据不同的环境需求和场合，设置不同的照度控制方案。采用PID闭环控制，对控制区域内照明实现精准控制。将照明区域按照使用需求和相关标准设定正常照度值，正常照度可以根据时段分场所设置，再结合照度检测值实时计算照度偏差，依据照度偏差控制照度调节装置，控制灯具点亮亮度或数量，精准控制该区域内的实际照度与使用需求。例如，在会议厅设置一个照度控制方案，当会议开始时，照度自动调高；当会议结束时，照度自动调低。

5）场景控制。通过设置不同的场景模式，实现照明的多元化控制。比如，设置一个阅读场景模式，系统会自动调节灯光亮度、色温等参数，以提供舒适的阅读环境。

6）无线通信技术。通过使用先进的无线通信技术，如紫蜂（Zigbee）、蓝牙（Bluetooth）或Wi-Fi等，智能照明系统可以与移动设备、电脑等其他设备进行通信，实现远程控制和自动化调节。

7）自动调色。通过使用可调节色温的LED灯具，智能照明系统可以根据环境和用户的需要自动调整灯具的色温，提供舒适的照明效果。

8）智能家居系统集成。智能照明系统可以与智能家居系统集成，通过中央控制器或智能语音助手进行控制，实现更加智能化和便捷的照明管理。

9）人员流动检测。通过照度控制和人员流动检测技术，在控制区域内按实际需要来实现对照明系统的开启、照度调节、熄灭等精准控制，使系统不受非人员活动的干扰，达到既满足区域内对照明的需求，又使人员感觉舒适，最大限度地节约电能的效果。图 4-38 所示为智慧照明控制系统平面布置，以一条走道为例，将照明区域通过人员行动方向检测装置、墙体包围形成若干个检测封闭区域。初始状态时，确保控制区域内无人或手动输入区域内人员数量，将控制单元的人员计数信号初始化。

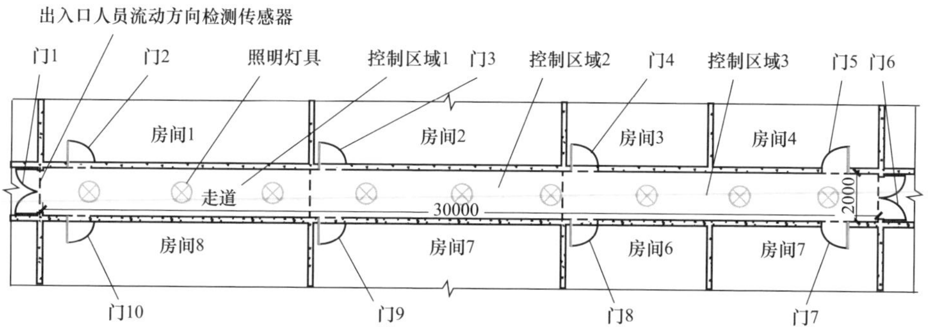

图 4-38　智慧照明控制系统平面布置

智慧节能照明控制流程如图 4-39 所示，当控制区域出入口人员方向检测装置检测到有人进入该控制区域时，控制单元的人员计数信号加 1；当控制区域出入口人员方向检测装置检测到有人退出该控制区域时，控制单元的人员计数信号减 1。控制区域的人员计数信号大于 0，即为检测到控制区域内有人活动，控制该区域内相应数量的照明装置点亮，实现该区域内跟设定照度相适应的照明需求；控制单元的人员计数信号等于 0，即为检测到该区域内无人员活动，控制单元关闭该区域内的照明装置或降为最低照度，实现智慧控制和节能的效果。以人体红外探测装置为辅助，作为非人员活动（小动物等）误检的补充，保证检测系统的可靠性。

可见，智慧照明系统的自动调节功能主要通过各种传感器、控制器和通信技术来实现。通过集成这些技术，智慧照明系统可以根据环境和用户的需求自动调节照明设备的亮度、色温等参数，提供舒适的照明环境，同时节省能源和降低运营成本。

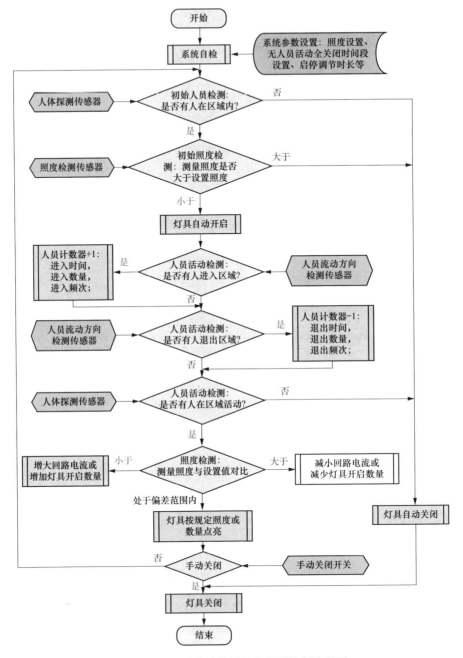

图 4-39　人员流动检测智慧照明控制流程图

4.3.3　台州市黄岩区行政中心智慧照明系统改造案例

1. 项目概况

台州市黄岩区行政中心位于台州市黄岩区东城街道县前街，整体建筑由主

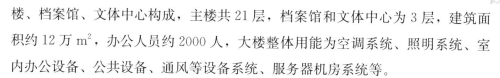

楼、档案馆、文体中心构成，主楼共 21 层，档案馆和文体中心为 3 层，建筑面积约 12 万 m²，办公人员约 2000 人，大楼整体用能为空调系统、照明系统、室内办公设备、公共设备、通风等设备系统、服务器机房系统等。

根据现场调研，办公室、会议室未改造的灯具为 T5 格栅灯，工作时间常亮数量为 2390 盏，单盏 28W；公区部分未改造的灯具为 U 型节能灯，工作时间常亮数量约为 4410 盏，单盏功率 8W；会议中心未改造的灯具为 U 型节能灯工作时间常亮数量约为 500 盏，单盏功率 26W；地下车库所有灯具为 T8 LED 灯具，数量约为 850 盏，单盏功率 16W。

2. 改造内容

（1）灯具光源改造。采用定制 LED 光源对原建筑内高能耗荧光灯、节能灯等灯具进行更换，对已实施 LED 灯具实现感应式自动开关优化控制改造。与普通荧光灯比可实现同等照度下用电能耗大幅度减低，同时高防护等级的光源可避免在潮湿环境中的腐蚀性损毁。照明系统改造前后灯具清单见表 4-6。

表 4-6　　　　　　　　　　　照明系统改造前后灯具清单

区域	原光源情况			改造后光源情况		
	原光源	数量	光源功率/W	飞利浦高效 LED	数量	LED 光源功率/W
办公室	格栅灯 T5	2000	28×2	LED T5	2000	16×2
走廊	节能灯	3600	8	LED 球泡	3600	5
卫生间	节能灯	600	8	LED 球泡	600	5
会议室	格栅灯 T5	390	28×2	LED T5	390	16×2
	节能灯	210	8	LED 球泡	210	5
会议中心	节能灯	500	26	LED 球泡	500	13
地下室	LED T8	850	16	微波感应 T8	850	14
合计		8150	—		8150	—

（2）照明节能控制改造。机关办公建筑照明系统设备分布广泛，使用频率高，部分区域如地下停车场、楼梯间等区域处于不间断使用状态，存在巨大的电能浪费。除了节能灯具更换外，照明控制系统的建设也将大大提高照明能效。

1）在走廊、楼道、门厅等公共区域部署照明控制模块、红外感应器。系统通过智能照明控制模块对公共区域照明系统采用照度或定时方式实现人工远程控制、定时控制、照度控制、分组控制等多种控制模式。能源管理系统信息化平台对公共建筑内的公共区域照明进行远程统一集中管理。

2）针对地下停车场内照明，在不降低光照度的情况下，通过采用智能照明控制箱联动红外传感器，按每天白天地下车库车流量比较大的时间段，用定时功能开启灯光，其他时间保持部分车道灯光亮起，其他灯光均有移动感应器控制，做到车来灯亮，车走灯灭，减少停车场能源浪费。

3. 效益分析

各区域照明系统节能计算汇总见表 4-7。

表 4-7 各区域照明系统节能计算汇总

序号	区域	型号	原功率/W	LED功率/W	数量	运行天数	运行时间/h	原能耗/(kW·h)	现能耗/(kW·h)
1	办公室	格栅灯 T5	28×2	16×2	2000	270	10	324000	172800
2	走廊	节能灯	8	5	3600	270	10/3	72000	14580
3	卫生间	节能灯	8	5	600	270	10	12960	8100
4	会议室	格栅灯 T5	28×2	16×2	390	270	4	25272	13478
5		节能灯	8	5	210	270	4	1814	1134
6	会议中心	节能灯	26	13	500	270	8	28080	14040
7	地下室	LED T8	16	14	850	365	24	134812	40724
合计用电量/(万 kW·h)								59.9	26.5
合计节约电量/(万 kW·h)									33.4

注 走廊灯具加装红外感应器，经现场考察共计需安装约 560 个感应器。

（1）经济效益。项目节能技术改造综合节能率为 56 %，年节能量为 33.4 万 kW·h，年平均电价按 0.761 元/(kW·h) 计，年节约费用为 25.4 万元。

（2）环境效益。照明系统智能化改造后年节约用电约 33.4 万 kW·h，可减少建筑消耗标准煤量 133tce，大大减少污染物生产，有效保护生态环境。

4. 项目亮点及推广价值

（1）项目亮点。

1）采用定制 LED 光源对原建筑内高能耗荧光灯、节能灯等灯具进行更换，对已实施 LED 灯具实现感应式自动开关优化控制改造。

2）通过智能照明控制模块对公共区域照明系统实施人工远程控制、定时控制、照度控制等多种控制模式的统一集中管理。

（2）推广价值。

1）提高照明效率。智慧照明采用先进的技术和设备，能够实现精准控制和自动化管理，从而有效提高照明效率，达到节能减排的效果。

2）节能环保。公共建筑智慧照明系统可以根据实际需要自动调节灯光亮度，避免能源浪费，同时采用 LED 等环保光源，减少对环境的污染。

3）降低维护成本。智慧照明系统采用智能控制和远程监控技术，可以及时发现和解决故障，降低维护成本。

第5章 交通领域能效提升技术

5.1 背景介绍

国家电网公司早在 2013 年就发布了关于电能替代的发展规划。2016 年政府进一步发布了《关于推进电能替代的指导意见》，电能替代由此进入规范发展的阶段，该文件明确了 2016—2020 年的电能替代发展目标，即到 2020 年，实现电能替代散烧煤、燃油约 1.3 亿 t 标准煤，电煤占煤耗比重提高约 1.9%，电能占能耗比重提高约 1.5%，达到约 27%。2020 年 9 月，随着双碳目标的提出，电能替代发展速度明显加快。2021 年国家电网发布《"碳达峰、碳中和"行动方案》明确指出要在"十四五"期间使公司经营区域内替代电量达到 6000 亿 kW·h。同年国家能源局在能源工作指导意见中指出：因地制宜推进以电代煤和以电代油，有序推进以电代气，提升终端用能电气化水平。根据中电联发布的电力行业年度发展报告，我国在"十三五"期间累计实现电能替代电量超过 8000 亿 kW·h。另据国家能源局的初步统计，2021 年的全社会新增电能替代电量约 1700 亿 kW·h。2022 年政府发布了《关于进一步推进电能替代的指导意见》，这意味着电能替代在几年高速发展后，已经迈入"深水期"，在推进过程中出现了新问题需要多方共同来解决。

中国是碳排放大国，"双碳"目标的安全稳步实现离不开能源的绿色低碳发展，因为电能具有安全、清洁、便捷的优势，推进电能替代对能源绿色发展作用重大、地位突出。在实现"双碳"目标道路上，在能源转型路径上，电能替代已经成为优化能源结构、推动绿色发展、保障国家能源战略安全的关键一招。

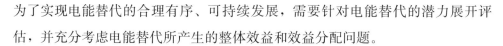

为了实现电能替代的合理有序、可持续发展，需要针对电能替代的潜力展开评估，并充分考虑电能替代所产生的整体效益和效益分配问题。

电能替代是在终端能源消费中，用电能消费替代化石能源的直接消费，重点是以电代煤和以电代油。电能替代的发展受到多种因素的影响，特别是在落实"双碳"目标和推进能源革命的大背景下，电能替代的政策支持、技术应用、市场模式、项目运行情况等不断出现新变化。

5.2　能效提升技术原理

我国提出，到 2025 年，电能占终端能源消费比重达到 30％左右，要达成这个目标，不仅需要构建完备的政策体系，还需要成熟可推广的替代技术成果。将电能替代技术应用概括为工业领域、交通领域、建筑领域、农业农村领域四大领域。

在工业领域，大力推广电炉钢、电锅（窑）炉、高温热泵、技术替代不达标的燃煤锅炉和以煤、石油焦、渣油、重油等为燃料的工业窑炉；推广厂房光伏、分布式风电、多元储能、热泵、余热余压利用、和园区智慧能源管控；推广电动皮带廊替代燃油车辆运输。

在交通领域，大力推广新能源汽车替代城市公交、出租、环卫、邮政、物流配送等领域的燃油车，替代家用燃油车；推广新能源汽车替代港口、机场的燃油车；推进厂矿企业的作业车辆电动化；推广内河短途游船电动化；推广沿海港口、船舶岸电、机场岸电，推广飞机辅助动力装置电动化（APU）电动化；推广电钻井替代柴油钻井。

在建筑领域，大力推广电驱动热泵、蓄热式电锅炉、分散式电暖器等电采暖替代散煤取暖；推广机关、学校、医院等公共机构建筑和办公楼、酒店、商业综合体等大型公共建筑开发自发自用的新能源。

在农业农村领域，大力推广农田电排灌、水肥播撒电动化；推广种植、粮食存储、农副产品加工等领域电烘干、电加工；推广基地大棚电力配套，空气源热泵、地源热泵等大棚温室供暖煤改电；在畜牧、水产养殖业推进电能替代，提高养殖环境控制、精准饲喂等智能化水平。

1. 电能替代商业模式

加强替代技术市场化应用推广可以有效促进电能替代发展，当前并没有成熟的电能替代技术商业模式，厘清电能替代适用的商业模式可以为电能替代市场化发展提供有力支撑。

（1）电能替代技术的利益主体。先分析电能替代技术的利益方，不同利益主体构成下的电能替代适用模式也不同。相关利益主体可以概括为政府、电网公司、用户、综合能源服务商、设备生产商及金融机构 6 部分，各主体在电能替代技术推广应用中的角色与作用如下。

1）政府。政府是宏观视角的政策制定者与政策实施监管者，立足全社会能源经济大格局，代表着国家的整体利益，既要考虑整体经济效益，如产业升级、节能减排等，又要考虑能源安全稳定、用能清洁化等环境与其他效益。电能替代相关政策由政府制定，同时政府也会采取一定的政策手段如政策补贴等来宏观把控电能替代有效开展。

2）电网公司。推广电能替代技术可以扩大社会用电量，电的发输配用都离不开电力系统，因此电力系统中的很多主体都会参与到电能替代中，比如电网公司。政府下达电能替代政策后，电网公司会积极响应，据此设定推广电能替代技术的战略目标，促进其市场发展。随着电能替代技术的推广，用电量增加会带来直接经济收益，同时也会促进配电网改造升级，这两方面都将成为电网公司的效益来源。

3）用户。用户是能源的使用者，在电能替代中属于用能改造对象。要根据用户不同的用能习惯设计应用不同的电能替代技术。在电能替代商业模式中，用户可能获得用能成本降低的经济收益及环境改善的生态收益。

4）综合能源服务商。综合能源服务商主要提供各类能源协调服务，在电能替代中参与协调能源供给结构，获得一定经济收益。

5）设备生产商。设备生产商在电能替代商业推广中承担提供设备支持，收益来自设备的销售。

6）金融机构。金融机构在电能替代技术推广中参与投融资相关环节，收益来自投资中的经济回报。

（2）电能替代可适用的商业模式。不同的电能替代技术有不同的特色，参

与主体也不同，经过归纳总结，电能替代可以适用的商业模式有以下几种。

1）EMC 模式。EMC 模式又叫合同能源管理模式，是市场化节能机制的一种，主要行为是节能设计。参与主体有需要节能设计服务的企业用户及提供节能设计服务的公司（简称 EMC 公司），运行模式为 EMC 公司与用户签订能源管理合同，在合同期限内 EMC 公司通过调研用户能源利用情况，对用户能源利用进行管理规划、效率优化等，以降低用户用能成本，帮助用户获得节能效益。具体用能规划服务包括节能项目设计、项目融资、设备升级、系统改革、系统维护等。EMC 模式适合于单体量小、资金量低、总体数量少的技术服务型电能替代项目。比如为某一大用户设计整体电能替代的技术解决方案等。收益分配机制为 EMC 公司在合同服务期内与用户共同分享节能收益，合同服务期外节能收益由客户独享。EMC 模式优点在于项目实施风险由 EMC 公司承担，提高了用能企业用能结构的专业优化。

2）BOT 模式。BOT 模式是政府委托私人企业进行基础设施建设与融资的一种方式，主要行为包括建设、经营、转让 3 部分，参与主体有政府、授权企业、金融机构等。BOT 移交给授权公司并进行监管，合同期内授权公司负责建设、经营、管理项目，进而获得收益。银行等金融机构根据项目潜力、授权公司资质等评估情况为项目提供融资贷款，特许期满后公司将基础设施移交政府。BOT 模式适用于单体量小、资金量高、总体数量多的电能替代项目，如农村分散式电采暖、电动汽车充电桩建设等。收益分配机制是授权公司通过经营建设获得经济收益、政府降低了财政负担和管理成本、金融机构获得贷款等投资收益、用户得到用能成本降低的经济收益及环境质量提升的环境收益。

3）B2C 模式。B2C 模式是在电商平台中包括线上支付和线下运输两模块，应用到电能替代中时，参与主体包括能源服务供应商和能源用户两部分。运行模式为通过服务平台，电网公司、售电商、设备供应商、节能服务公司等为各类用户（工业、商业、居民用户）提供技术与服务，实现企业与用户的交互。总数量多、资金量高的电能替代项目可以引用 B2C 模式，可有效简化电力交易流程，降低交易成本、服务成本等。

2. 我国电能替代主要不足

（1）我国电能替代工作起步晚，人均发电量水平与发达国家比有较大差距。

从世界电能替代发展的角度来看，与发达国家电能占终端能源消费比重保持稳定相比，我国电能替代工作起步晚、发展快，1990年电能占终端能源消费比重不足 7%，2020年电能占终端能源消费比重达到 27% 左右，位列世界第一。尽管我国电能占终端能源消费比重领先世界，但从 2020 年人均发电量水平来看，我国与发达国家相比还处在低位。其中，美国通过颁布政策推进农村电气化，鼓励电动汽车产业的发展，扶持热泵技术的应用等，实现了较高的终端消费电气化水平，人均发电量达到了 12950 kW·h。欧盟通过建立健全电能替代标准，加大环保影响力，开放电价市场，人均发电量达到 6222kW·h。日本通过加速基础设施建设，补贴电动汽车充电站，征收化石能源的资源税，资金补贴企业电能替代技术等措施，人均发电量达到 7945kW·h。而我国 2020 年的人均发电量为 5262kW·h，有望进一步提高。

（2）我国电能替代潜力大、任务重，推广部署面临诸多现实问题。我国电能替代项目经济性差，电力市场化程度不高，电一碳耦合市场建设有待进一步完善。我国电能替代项目初期投资建设经济性普遍较差，以补贴为主的相关政策导致项目运营成本较高，电能替代项目配套电网投资和运维成本难以回收。需要加快建设电碳协同市场，将碳排放纳入企业经营成本，充分发挥电能替代在减排和降成本方面的综合优势。

（3）我国需求侧用能方式粗放，节能意识薄弱，导致整体用能效率偏低。2020 年，我国 GDP 能耗强度是全球平均水平的 1.7 倍，是经济合作与发展组织（Organization for Economic Cooperation and Development，OECD）的 2.7 倍。为保证电能替代项目的有效性，需要进一步强化节能工作，把节约能源、提高能效贯穿到经济社会发展的全过程。

3. 交通领域电能替代技术

2020 年初，国家能源局"十四五"电力规划工作启动，要求加快构建清洁低碳安全高效能源体系，加快电能替代发展。我国各领域电能替代潜力大、任务重，进一步推广部署面临诸多挑战。经过几年的扩展，我国电能替代工作开始面临天花板，我国电源清洁化比例不高、经济性差、政策制度待完善、节能意识待加强等问题日渐凸显。

关于交通领域电能替代技术，主要涵盖港口岸电、电动汽车和电动船等电

转动力技术。下面重点介绍港口岸电和电动汽车技术。

（1）岸电电能替代技术。电能替代是实现双碳目标的重要途径，而港口岸电是交通领域"以电代油"的重要举措。研究表明航运排放，包括 NO、SO_2、CO_2 和颗粒物在年度人为排放总量中占有很大比例，导致了空气污染在内的严重环境问题。船舶在靠泊港口时，经常使用辅助发动机发电以维持船上的机械操作，从而不断排放废气。根据数据，近70%的海上排放发生在港口区域附近，而60%～90%港口排放来自于靠港的船舶。港口排放特别令人关注，因为它们靠近港口城市的人口，并由此对环境和公共卫生产生不利影响。借助岸上设备"以电代油"、源头减排，是目前最直接、最有效的港口侧治污方式。与低硫油相比，船舶靠港后使用岸电，具有重大社会环境效益，可以减少大气污染，实现能源消费侧减碳以及推动双碳目标的实现。

中国交通运输部目前积极推进岸电建设及船舶靠港使用工作，发布了一系列政策文件，如《港口和船舶岸电管理办法》《关于进一步推进长江经济带船舶靠港使用岸电的通知》等，对船舶进行受电设备改造工程进行补贴，鼓励港口岸电的建设，通过靠泊优先权等方式鼓励船舶使用岸电。港口岸电工作已经取得了比较大的成绩，经对各地岸电建设和使用情况摸底，大多数港口在规定时间前完成了《港口岸电布局方案》规定的50%以上专业化泊位安装岸电设备的目标，目前全国有7000多个泊位完成了岸电设备安装建设，岸电使用量超过4500万 kW·h，污染物减排量超过710t。

近年来，随着浙江省外贸交易的不断开放和繁荣，浙江省港口码头建设规模快速扩张，为了实现绿色港口战略、改善港区大气环境，建设港口岸电是未来的发展趋势，也是实现双碳目标的必然要求。目前港口岸电技术的商业模式构建和规范化运营尚处于起步阶段，由于涉及港口配电网改造、船舶受电设备改造、投资规模、运营模式、用电服务价格等，利益相关主体多，港口岸电商业化运营实施难度大。并且国内对港口岸电商业模式运营效益的研究尚处于探索阶段，尚未综合考虑经济效益、环境效益、社会效益以及技术效益等因素，形成系统性的评估港口岸电商业模式运营综合效益的评价指标体系和评价模型。因此，面对双碳目标的新形势，分析浙江省港口岸电发展面临的宏观环境以及行业环境，探索适合浙江省港口岸电发展和推广的商业模式，建立港口岸电商业模式运营效益评价模型，可以指导浙江省港口地区的岸电推广应用，对于浙江省改善港区环境空气质量，助力交通领域实现"双碳"目标具有重要意义。

岸电技术作为港口区域进行碳减排和环境污染治理的有效手段，近年来受到国内外的广泛关注，国内外学者从不同角度对港口岸电的技术可行性进行了研究。有学者开发了一种量身定制的标签算法研究集装箱航运网络中的岸电部署问题，以数学模型分析政府、港口和航运公司之间的相关关系。通过大量的数值实验，证明该方法可用于为政府制定补贴计划，以实现最大限度地减少网络中的泊位排放。针对电动船舶的供电系统设计问题，有学者提出了相应的对策建议、制定标准等。鉴于船对岸电力技术仍面临一些技术和监管问题，Kumar 等提出了最先进的未来船舶解决方案，旨在全面审查岸对船供电港口电网设计和建模的现有标准、技术，以及面对的主要挑战，有助于为港区智能电网设计合适的模型。曹亮等针对岸边变频电源提出参数控制策略，从而达到灵活控制岸边电力系统的目的。孙盼等针对岸电系统扰动的问题，设计了系统控制器，支撑了大功率岸电系统的建设。杨玉琢等介绍了港口岸电和船舶受电设备的关键技术等，针对某码头的实际情况设计了对应的岸电系统配置方案。通过上述研究可以发现，目前很多学者都针对港口岸电的技术问题，如岸电系统的配置方案设计、技术标准制定、电力供应系统展开了研究，为之后研究岸电的经济运行问题提供了坚强的技术支撑。

港口岸电作为电能替代的一种方式，研究其商业模式可以稳步推进港口岸电的实施，促进电能替代战略的推进，更好地为实现双碳目标服务。在分析港口岸电商业模式时纳入利益相关者理论，表明为所有利益相关者创造价值的重要性，为制定港口岸电驱动的政策和行动提供了更有力的支持。

综上所述，港口岸电可以降低船舶在港口停泊时的碳排放，减少港口及其周边地区的空气污染，为航运业的可持续发展提供支持，为实现双碳目标提供有力保障。因此，加快港口岸电的推广和应用，是落实双碳目标的重要举措之一。在当前的"双碳"目标背景下，港口岸电的商业化运营正处于发展初期，针对港口岸电的技术方面的问题做了大量深入研究，研究集中于岸电的技术方案设计、电压、安全等问题，为岸电的大量推广奠定了技术基础。然而，目前针对港口岸电的商业模式及商业效益的研究还比较缺乏。因此，有必要对港口岸电的商业模式进行深入研究，分析其商业效益和运营模式，以促进该领域的建设和使用，实现港口企业、航运企业和供电公司三方的共赢，同时也可以改善浙江省港口区域的大气环境，实现双碳目标。

（2）电动车电能替代技术。2020 年 9 月，中国明确提出 2030 年"碳达峰"与 2060 年"碳中和"目标。实现"双碳"目标需要大力发展清洁能源，降低碳排放。随着新能源发电的占比增加，电力系统中的灵活调度资源（如储能和电动汽车）将发挥越来越重要的作用。

清洁能源正逐步取代污染严重的化石燃料，成为当今世界重要能源之一。电动汽车（Electric Vehicle，EV）因其使用清洁能源、没有排放污染的特点而被各国广泛推崇，电动汽车行业逐步兴起。当电动车数量较少时，其对电网的影响较小，不会引起电网较大的波动，但随着电动车的广泛应用，大规模集群电动车接入电网可能对电网的运行管理产生负面影响。大量无序充电模式的电动车接入电网会增加或产生新的峰值负荷，对分布式电网造成巨大的挑战，比如在用电高峰时段造成电网变压器的容量超载，导致其过热、过载，跳闸甚至大面积停电，危及电网的安全稳定运行。我国电动汽车的普及给电力系统带来了不稳定性和不确定性，电动汽车聚集性地接入电网充电，将对电力系统产生巨大的冲击，增加其运行控制难度。其主要影响包括电网质量、电网运行控制难度及负载不平衡。

电动汽车接入充电桩进行充电时相当于大功率、非线性负荷，在其充电过程中电网需要提供稳定可靠的大电流进行供电，同时对电力电子设备产生很高的谐波电流和冲击电压，若不采取相应的措施，可能会带来谐波污染、功率因数降低以及系统电压波动三方面的影响。

聚集性地充电会给电网带来巨大的冲击，而且电动汽车用户出行方式、充电特性、充电时长都具有随机性，会给充电负荷带来不确定性，影响电网运行控制。大多用户出行的最终目的地都是高度随机的，所以其行驶里程也是随机的。每一辆电动汽车的充电模式不一定相同，加入外界影响因素，其充电曲线是不同的，所以其充电特性具有随机性。充电时间取决于驾驶习惯，用户在充电时往往表现出随机行为，应由在这些实体内优化和安排充电时间的集中代理进一步控制。

2020—2030 年，在无序充电情形下，国家电网公司经营区域峰值负荷预计增加 1361 万 kW 和 1.53 亿 kW，相当于当年区域峰值负荷的 1.6% 和 13.1%，导致区域负荷的不平衡。电动汽车集中在某些时段进行充电，或电动汽车充电行为在平时段的叠加，将进一步增大电网负荷峰谷差，加重电网侧的负担。如果多辆电动汽车接入一个接近其极限的充电网络，附近变压器上的额外负载可能会导致其故障。

从不同类型充电基础设施的用电特性来看，公共充电设施的用电行为较为分散，没有明显的峰谷差别，而专用设施的用电行为相对集中，峰谷差别更为明显。综合来看，在无序充电前提下，充电基础设施负荷最大的时刻应为傍晚大量私家车主回到居住地，开始使用私人充电桩为私家车充电的时刻。私人电动汽车充电时间概率分布如图 5-1 所示。

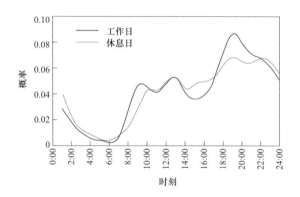

图 5-1　私人电动汽车充电时间概率分布

电动汽车接入电网时的负荷不平衡，可以通过电价激励引导电动汽车用户进行有序充电，以达到平移负荷、削峰填谷的效果。

但是从另一个角度来讲，电动汽车负荷对于电网也可以是优质可调负荷，当其以可控负荷的形式参与电网调控，甚至可发挥其削峰填谷的作用，改善电网性能。由于电动汽车的充电特性，可以将其作为一种新型储能单元。利用价格响应机制，将电动汽车组建成需求响应架构下的大型分布式储能系统，同时结合光伏发电系统，最大化吸收光伏输出，就地消纳光伏，降低用户充电成本，缓解电网压力，实现辅助电网峰谷调节功能。未来对电动汽车如何实现参与电网调频，作为储能系统向电网优化放电等问题，有必要展开进一步研究。

对电动汽车的负荷预测尤为重要，一方面要对电动汽车的保有量有效预测，另一方面建立电动汽车负荷模型，最终完成城市电动汽车负荷的预测，公交车行驶路线相对固定，因此日行驶里程数变化幅度非常小，主要取决于固定路线的长度和它的发车密度。在城市公交规划过程中，一般线路长度在 15～20km，主干线路也会控制在 20km 以内。调查国内各个主要城市的公交车日总行驶里程数，分析可知，公交车平均行驶里程数都在 140～200km 范围内，体现随机分布的特性，因此假设公交车的日行驶里程数服从均匀分布 [140，200]。出租车的出行习惯较为复杂，它的日行驶里程数受影响因素多，但总体上呈现出正态分布的特点。根据调查的数据，假设 0：00～10：00 和 15：00～24：00 时间段内，出租车的日行驶里程数服从 N（335，225），在 10：00～15：00 时间段内，出租车的日行驶里程数服从 N（265，225）。

近年来，电动汽车充电桩的建设发展飞速，需求量不断扩增，是国家"新型基础设施建设"工作领域的核心之一。随着"新基建"政策的不断落实，公共充电站的数量有可能大量扩充，虽然给使用者带来了一定程度的便利，但同时也对电网的稳定性和可靠性提出了更高要求，带来了更多挑战。电动汽车虽然有很大的灵活性，但也可能造成电力系统的稳定性下降，带来电能质量问题。因此在大力发展电动汽车充电站的基础上，如何最大程度保证电网稳定性、优化年建设运维成本以及合理规划建设，是现在急需解决的问题。

有研究利用优化理论，从充电站最优经济收益的角度出发，仅考虑电动汽车充电站的经济效益而忽略了电动汽车使用者的便捷性和经济性。目前对于电动汽车充电站的优化管理主要采用随机优化和多场景仿真算法，较好地考虑了充电站的经济性，但缺乏对电动汽车使用者使用快捷性的考虑。对充电站的规划产生了不同的思考，但很少从电动汽车用户需求的角度去研究问题。电动汽车充电的有效时间通常不低于 0.5h。如果一辆电动汽车在一个地方停留超过 0.5h，而此时电动汽车与充电站距离较近，那么利用车主停留的这段有效时间对电动汽车进行充电，有利于减少车主的成本花费。

北斗导航和 GPS 导航可以确定电动汽车的行驶轨迹，包含汽车驾驶模式、驾驶习惯等潜在信息，通过挖掘这些潜在信息，可以为城市道路与电动汽车充电站的合理规划建设提供宝贵的信息支持。如何通过提取电动汽车轨迹大数据，研究驾驶行为与城市建设的相关性，从而优化城市建设，成为国内外关注的热点之一。

针对电动汽车出行的特点，有研究提出了一种基于大数据的充电站地址选择方法，根据大数据搭建语义空间分析模型，实现车辆行驶特性的快速聚类，同时针对电动汽车用户充电的便捷性以及充电站建设的经济性，对备选站址进行排序，选出最优电动汽车充电站站址。

传统配电系统可靠性评估理论方法经过几十年的发展日益完善，同时电力用户对用电质量的要求也越来越高，因而高可靠性的配电系统已成为社会发展的必然要求。随着电动汽车的大力推广，对电动汽车接入配电网的研究正在逐步加深。电动汽车在配电网中作为具有时空可调度特性的备用电源，可在电网发生故障时为配电系统内的用电负荷持续提供电能，从而提高配电系统的供电可靠性。因此研究计及电动汽车时空可调度特性的配电系统可靠性评估方法对提升配电系统的可靠性具有重要的意义。

为了减轻电网的压力、有效地将清洁能源引入微电网并最大限度地发挥作用，需要对集群电动车进行有效的充放电管理。集群电动车不仅是负荷，还是一种有效的储能设备，既可以从电网获取电能，也可以向电网输送电能。通过车辆到电网（Vehicle to Grid，V2G）的技术可以实现在电网负荷峰值时电动车放电、谷值时电动车充电，从而对电网负荷曲线进行削峰填谷，减轻电网的负荷压力。集群电动汽车接入微电网结构如图 5-2 所示。

在预测策略方面，通过对集群电动车到达时及剩余电量的多重不确定性采样，得到各时间段电动车的到达数量及剩余电量的预测值，并以此预测值为基础，对电动汽车充放电功率进行优化求解。目前已有许多研究对电动汽车的需求响应进行了分析，通过控制电动汽车各时段的充放电功率，实现最小化电网与微电网之间进行功率传输的目标。双层优化控制策略研究方面，通过双层最优充电策略对优化问题的求解，保持了电网变压器供电负荷曲线波动最小，并实现了每个电动汽车用户的充电成本最小的目标；有研究也提出一种双层优化策略，上层通过网损最小确定充电位置、下层通过充电费用最小确定充电时间的有序充电模型，结果显示该方法能有效地减小网损、平抑波动。

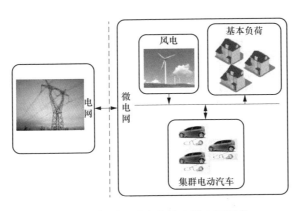

图 5-2　集群电动汽车接入微电网结构

以上研究通过对集群电动汽车的充放电控制,虽然在一定程度上实现了微电网中负荷的削峰填谷,从而降低了电网运行的成本,但在上层优化时都没有计及下层单个电动车的实际需求,即未考虑单个电动车的充电紧迫性,可能存在离开充电桩时某些电动车电量仍过低的现象。

5.3　台州玉环坎门船基海产品加工链电能替代项目

1. 项目概况

为继续深化电能替代发展战略,我国首个海捕虾全产业链"海上加工中心"在东海启动,加工船过驳和后勤保障基地位于玉环市坎门街道国有应东码头。船舱中组有智能化生产车间,配有 4 条全自动精加工生产线,电气化水平达 90% 以上。投产后,预计每年可加工深海虾 2 万 t 以上,为当地渔民增加近 2 亿元收入。"海上加工中心"如图 5-3 所示。

2. 改造内容

(1)岸电供电。岸电的供电原理是利用岸上低压电源通过出线电缆至港口码头的末端配电箱,船舶靠岸后可通过该配电箱直接对其供电。

1)岸电供电原理。岸电的供电系统主要分为岸上主电源、出线电缆、末端配电箱及船上电源接入系统 4 个部分。其中岸上主电源即岸电的配电变压器提供的电源,出线电缆为变压器低压开关间隔至末端配电箱的连接部分,末端配电箱提供了船上电源的接入点与断开点。岸电供电原理如图 5-4 所示。岸上配电箱如图 5-5 所示。

图 5-3 "海上加工中心"

图 5-4 岸电供电原理

图 5-5 岸上配电箱

2）岸电供电系统基本参数。

a. 岸电的配电变压器型号为 S13-M-630/10，额定容量 630kVA。

b. 岸电的配电箱系统参数为 800kVA，380V，50Hz。

3）岸电的特点。

a. 岸电代替柴油发电机供电属于经济有效的节能技术。使用船用静止式岸

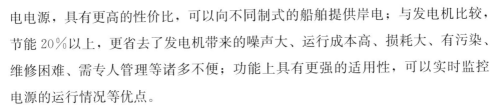

电电源，具有更高的性价比，可以向不同制式的船舶提供岸电；与发电机比较，节能 20％以上，更省去了发电机带来的噪声大、运行成本高、损耗大、有污染、维修困难、需专人管理等诸多不便；功能上具有更强的适用性，可以实时监控电源的运行情况等优点。

b. 岸电属于清洁能源环境效益显著。柴油发电噪声大，污染重，极大地影响了周边环境。根据测算，该岸电项目全年可产生电量近 200 万 kW·h，年均约可减排烟尘、二氧化硫、氮氧化物分别为 2、10、3.1t，大幅降低渔业生产成本，减少污染。

（2）项目改造实施。

1）结合东海鱼仓"海上加工中心"靠岸船舶的实际用电情况，新建一座容量为 630kVA 的配电房及相关配套设施，以满足"海上加工中心"的用电需求。

2）由配电房铺设出线电缆至码头配电箱，满足灵活供电的需求。

（3）项目投资模式。项目由国网浙江综合能源服务有限公司第三方投资。东海鱼仓"海上加工中心"岸电项目一次性硬件投资 100 万元，年用电量约 200 万 kW·h，年电费约 160 万元；从环保角度来看，电能替代是无污染的；从使用年限上看，成套设备都在 20 年以上；从运行成本上看，电能替代工艺是最先进的。经过以上对比，岸电替代柴油发电机改造对于节能减排，环境污染，产品质量方面是可控的。

3. 效益分析

2018 年 3 月，海上加工中心实现首航；2018 年 6 月 22 日，海上加工中心顺利投入运行。供电公司通过清洁、可持续的电能替代高成本、高污染的柴油能源，保障海上加工中心的稳定电力供应。玉环坎门国家中心渔港英东码头的港口岸电建设是供电企业服务现代渔业海上加工中心发展的成功探索，为后续港口岸电建设和海洋渔业转型发展提供了良好的参考及经验。

对渔业企业而言，海上加工中心电能替代的建成投运一方面帮助企业节省了燃油成本，船舶柴油发电成本大概每度为 2.3 元/(kW·h)，岸电大概 1.6 元/kW·h。据测算，企业采用优质清洁电能替代原先柴油发电，年平均使用电量近 200 万 kW·h，替代柴油使用约 1000t，节约能源成本 100 万元。另一方面有效保证了海上加工中心的高效运转，提升了渔业企业的产能、产品品质及经济效益。以往的生产模式是打捞后运送往陆地工厂加工，且需要虾粉等添加剂进行保鲜，极大地影响了生产效率和产品品质；现在打捞完成后直接在海上进行加工，不需要添加剂，从鲜虾入仓到烘干出盒装成品仅需 28min 左右，并且加工完成后直接运往国外出口，产品的附加值提升 2 倍以上。

对渔民而言，在海上就近将打捞的海产入仓，减少了渔船往返陆地次数，提高了渔船单位时间内的捕捞效率，同时收购价格提升，渔民收入显著增长。以岸电为支撑的海上加工中心投产后，预计每年可加工深海虾 2 万 t 以上，为玉环拖虾渔民增加近 2 亿收入。

作为岸电建设的投资主体，供电公司在服务台州地方经济发展和海洋渔业转型的同时，实现了增供扩销，扩大了市场份额，增加了售电量，取得了长远的经济收益。"海上加工中心"岸电建设投资额 120 万元，东海渔仓年度用电量约为 158.4 万 kW·h，公司年度收益约为 144 万元，预计 1 年可收回成本实现盈利。

4. 项目亮点及推广价值

（1）项目亮点。

1）从配电房至港口码头配电箱、配电箱至船舶接入系统的出线选择、开关选择等进行改造，符合安全用电的原则，提高供电可靠性。

2）改造后总体用电负荷需及早进行计算，避免出现变压器超载，如果需要增容需及早办理增容手续。

（2）推广价值。实施电能替代对于推动能源消费革命、落实国家能源战略、促进能源清洁化发展意义重大，是控制煤、油消费总量、减少大气污染的重要举措。稳步推进电能替代，有利于构建层次更高、范围更广的新型电力消费市场，扩大电力消费，提升我国电气化水平，提高人民群众生活质量；同时，带动相关设备制造行业发展，拓展新的经济增长点。国网玉环市供电有限公司矢志推广清洁电能代替化石能源，推动渔乡可持续发展，改变传统渔业污染大、增值低的弊病，广建岸电项目，切实振兴渔乡，还渔乡碧水蓝天。东海鱼仓"海上加工中心"为我国首个海捕虾全产业链海上加工点，大力推广使用岸电不仅保卫了我们的碧海蓝天不受污染，而且大大节约了其运行成本，提高了经济效益，符合可持续发展，利国利民，意义深远。

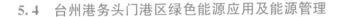

5.4　台州港务头门港区绿色能源应用及能源管理

1. 项目概况

台州港务头门港区现有 3 个 5 万 t 级通用泊位（1 号泊位兼靠 5 万总 t 汽车滚装船，2、3 号泊位水工结构为 7 万 t 级），码头总岸线长 968m，后方陆域面积 59.64 公顷，港区共有 2 台主变压器，容量分别为 8000kVA 和 5000kVA，年用电量可达 500 万 kW·h，为优化港口能源结构，实现港口电力智慧化管理，加大绿色能源在港口的应用，扎实推进集团碳达峰、碳中和工作，头门港区推广对船舶岸电、电动流动机械、绿色能源应用等升级改造不断提高港口岸电率，推广绿色照明在码头的应用，降低港口电力能源的损耗，提升港口生产精细化、信息化、智慧化水平。图 5-6 所示为台州港务头门港区实景。

图 5-6　台州港务头门港区实景

2. 改造内容

（1）港区岸电接电率不高，原因为大部分靠港船舶为非标准插件，导致与岸电标准插件不匹配，通过制作非标准插件的专用岸电二级箱，提高船舶的接电率，并编写相应的船舶岸电管理制度，培训相关工作人员，开展岸电预案演练，加装岸电防护栏等措施，为岸电高效安全的运行提供保障，提高岸电设施的使用率。岸电配电箱改造前后对比如图 5-7 所示。

（2）大力推进新购正面吊等新能源流机的应用，时刻关注新能源设备技术发展和市场投用的情况，结合码头实际，目前港区已新增 1 台电动正面吊，如图 5-8 所示。

（3）港区照明 35％为高压钠灯，65％为 LED 灯具，遇到大风、寒潮期，因高压钠灯内部进水，导致灯具内的镇流器损坏，造成照明灯具使用寿命短的问题，为响应公司"降本增效"工作和全面推广绿色照明在港口的应用，将全港的堆场、道路、变电所等照明设备全部更改为 LED 灯具，如图 5-9 所示。

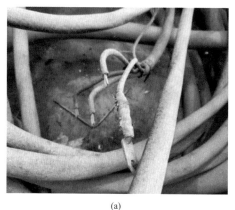
(a)

(b)

图 5-7　岸电配电箱改造前后对比

（a）改造前；（b）改造后

图 5-8　电动正面吊

图 5-9　港区 LED 照明灯

3. 效益分析

（1）通过为非标准插件提供的专用岸电二级箱，2023 年累计完成岸电用电量 113071.5kW·h，超年度岸电使用目标的 126%，节约靠港船舶发电机的柴油约 25000 升，减少 SO_2 排放约 100kg，减少烟尘排放约 17.85kg，减少 CO_2 排放约 3.8kg，2024 年计划使用岸电用电量 15 万 kW·h。

（2）目前港区 LED 灯具覆盖率已达 100%，同时通过将原时间控制开关更改为 4G 的远控开关，根据作业需求，及时设置照明灯塔全开或半开的状态，将 20000h 照明灯具的使用寿命，增加至 40000h，每年节约照明电能损耗约 49000kW·h，每年为公司节约电费和采购照明灯具的费用约 18400 元，为公司

开展"降本增效"工作提供有力保障。

4. 项目亮点及推广价值

（1）项目亮点。优化了港口能源结构，实现港口电力智慧化管理，加大了绿色能源在港口的应用，头门港区大力推广对船舶岸电、电动流动机械、绿色能源应用等升级改造，提高了港口岸电率，推广了绿色照明在码头的应用，降低了港口电力能源的损耗，提升了港口生产精细化、信息化、智慧化水平。

（2）推广价值。推广清洁电能代替化石能源，推动港口可持续发展，改变传统港口污染大，能耗大的弊病，推广岸电利用，电动机械，绿色照明，不仅保卫了我们的碧海蓝天不受污染，而且大大节约了运行成本，提高了经济效益，保护了大气环境，符合可持续发展的国策，利国利民。

5.5　浙江玉汽运输集团有限公司公交车油改电项目典型案例

1. 项目概况

台州玉环客运中心管理玉环市境内所有公交车的运营，使用燃油公交车为主，目前仍拥有近 200 辆燃油汽车，燃油汽车以汽油为动力燃料，平均每辆车每天要跑 100km，按每百公里油耗 20L 计算，每辆车年平均消耗汽油约 7200L，年燃油费用约 5 万元。2017 年以来，玉环客运中心逐步推进市内燃油公交车整体更新，截至 2020 年 10 月底，已有 81 辆燃油公交车换成纯电动公交车，预计于 2021 年底实现纯电动公交车数量突破 100 辆。图 5-10 所示为正在充电的纯电动公交车。

图 5-10　正在充电的纯电动公交车

在新的发展形势下，发展电动汽车正在成为我国实现节能减排目标以及寻求汽车工业战略转型的重大举措。随着我国电动汽车的规模化应用，电动汽车能源供给日益成为电动汽车推广应用的关键因素。同时，随着电动汽车动力电池容量的不断增加和性能的不断提高，充电式的电动汽车展现出强劲的需求，政府"十三五"规划要求支持新能源汽车发展壮大，实施新能源汽车推广计划，使得电动汽车发展速度日趋快速。电动汽车发展有助于缓解交通运输对石油和天然气资源的依赖，与其他新能源汽车如氢燃料汽车相比，电动汽车可以与现有的电力设施相适应，需要的附加投资较小。电动汽车发展对能源安全、节能减排和电力系统削峰填谷、调频和备用等方面都有着的积极作用。

2. 改造内容

（1）价格比较。

1）8.5m 纯电动公交车价格 60 万元，8.0m 燃油公交车 25 万元，但电动车有政府购车补贴 30 万元，实际买车费用相差不大。

2）8.0m 以上纯电动公交车每年运营补贴 6.0 万元，燃油公交车运营补贴每年 3.6 万元，且燃油公交车运营补贴在逐年下降，纯电动公交车占优势。

3）纯电动公交车的百公里运行成本约 60 元，燃油公交车则达到了 130 元左右，此外还需要维护费用 20～30 元，此项为关键经济性指标，对比之下纯电动公交车优势明显。

4）纯电动公交车由于使用电能，安全性能较高，且无废气排放等问题。

（2）实施方案简介。纯电动公交车采用电动机中央驱动形式，直接借用了燃油汽车的驱动方案，由发动机前置前驱发展而来，用电力驱动装置替代了发动机（内燃机），通过调速控制器将电动机动力与驱动轮进行连接或动力切断，提供不同的传动实现行驶。纯电动公交车性能参数见表 5-1。

表 5-1 纯电动公交车性能参数

项目			数值
动力性能	最高车速/(km/h)	持续	75
	0～50km/h 加速时间/s		≤10
	爬坡度（%）	最大爬坡度（%）	28

续表

项目		数值
经济性能	续航里程/km 等速（60km/h）	210
	百公里耗电量（60km/h）/(kW·h/100km)	17

（3）技术原理。纯电动汽车的原理是，利用电能驱动电动机，再由电动机来驱动汽车。电动汽车与燃油汽车的结构及原理极为相似，主要的区别在于动力和驱动系统。电动汽车不再使用传统的发动机（内燃机），所以它的电动机就相当于燃油汽车上的发动机，蓄电池代替了燃油汽车上的油箱。电动汽车和汽油车的主要区别见表 5-2。

表 5-2　　　　　　　　　电动汽车和汽油车的主要区别

项目	纯电动汽车	燃油汽车
能源系统	蓄电池	汽油（柴油）
动力系统	电动机	发动机（内燃机）
速度控制系统	调速控制器	变速器、离合器
传动系统	传动轴、驱动桥（固定减速器）	变速器、离合器、传动轴、驱动桥

（4）投资模式及项目建设。

1）本项目纯电动公交车更新由玉环客运中心自主全资投资，截至目前累计投资 3000 余万元，累计更新 81 辆纯电动公交车，替换比例接近 30%。配套快充电站由浙江华云公司投资建设，已完成两期建设，变压器容量 3200kVA，投入 120/150kW 组合一电两充桩 16 台，合计总投资 450 万元。一、二期配套快充电站现场如图 5-11 所示。

图 5-11　配套快充电站现场图

2）随着玉环市客运中心纯电动公交车更新进度不断推进，配套一、二期快充电站充电桩数量已无法满足充电需求，2020年9月，玉环市客运中心申请三期配套快充电站建设，由台州宏能公司投资建设，新增变压器容量1600kVA，投入180kW一电两充桩8台，总投资240万元。

（5）运营模式。本项目纯电动公交车更换及运营由玉环客运中心自行投资与运行；配套快充站由浙江华云公司和台州宏能公司投资、运营、维护，投资建设单位向项目主体收取每度充电量0.42元的服务费。

（6）注意事项及完善建议。本项目引入第三方参与配套快充站的投资建设，实施前应做好项目主体充电需求预测分析，编制合理的成本回收方案，充电电价定价要符合项目主体的心理预期，其次做好电站维护和充电服务工作是后期项目规模扩大的重要保障。

3. 效益分析

（1）经济效益。

1）电动公交车。本项目中，采购60万元的纯电动公交车替代燃油公交车，每台政府补贴30万元，因此一辆纯电动公交车实际采购成本约为30万元。燃油公交车百公里花费燃油费用130元左右，外加维护费用20~30元，纯电动公交车百公里花费电费约60元，而维护费用0元。以每辆车每天平均跑百公里计，一年节省费用3.6万元，国家运营补贴根据车长每年补贴4万~8万元，一辆8.5m纯电动公交车大约4~5年可收回实际采购成本。

2）配套充电站。一、二期配套快充电站由浙江华云公司投资，运营与维护委托台州宏能公司，后续三期快充电站投资、运营和维护主体均为台州宏能公司，大幅度降低项目主体的资金压力和运维人员的费用支出。快充电站投资方通过收取充电服务费［定价0.42元/（kW·h），充电桩计量］，大概在7~8年内收回快充电站建设费用，以一座电站20年寿命计，还有12年的利润期。

（2）社会效益。纯电动公交车使用电能，能源转换率高，节省耗能，为企业节约成本；无污染、无噪声、无尾气排放，乘车旅客体验好、车下路人评价高；相比较燃油、天然气车辆，安全性能大大提升，不会出现爆炸等危险状况。

4. 项目亮点及推广价值

（1）项目亮点。为贯彻落实国家加快新能源汽车发展的部署和节能减排工作要求，积极参与浙江省"清洁能源示范省"创建，促进玉环市新能源公交汽车推广应用，项目实施前，玉环市交通运输局、浙江华云公司、国网玉环市供电公司联合签署《关于共同建设新能源公交车充电服务网络设施的战略合作协议》。该项目由浙江华云公司、台州宏能公司出资建设配套快充电站，降低项目主体纯电动汽车更新的需求资金，缓解资金链压力，加快项目推进进度。项目实施后，国网玉环市供电公司落实专人对接玉环市客运中心，为项目主体提供个性化服务，建立优化用电方案，协助编制纯电动公交车充电计划表，尽可能利用低谷时段充电，进一步降低充电成本，同时起到平抑电网峰谷差的作用。

（2）推广价值。该项目适用于所有国营、私营公交运营商、物流园区等纯电动车辆需求增长迅速的企业，由第三方出资建设配套快充站，以充电服务费收回投资，减轻项目主体的资金压力，加快电动车的替换速度、壮大替换规模，持续增长售电量。短期内纯电动汽车更适合城市短途物流行业、公交系统和个人用户日常工作需求，推广时应注意：①重点关注当地公共交通管理单位新能源公交车的更新进度，以第三方投资建设配套快充电站为条件促使其选用纯电动公交车，必要时可适当降低充电服务费；②重点关注当地物流园区企业运输车辆电气化进度，一般情况下物流企业相对集中，是建设集中充电站的优质区域，主动对接物流园区管理单位，投资建设快慢结合园区专用充电站。

附录 技术支撑单位

单位名称	单位简介	支撑案例
国网浙江电力台州市供电公司	公司成立于 1981 年 4 月,是国网浙江省电力有限公司(简称国网浙江电力)所属供电企业,承担着台州市三区三县三市的供电业务。历年来,国网台州供电公司先后荣获"全国文明单位""全国模范职工之家""AAAAA 级'标准化良好行为企业'""全国电力行业用户满意企业""全国电力行业党建品牌影响力企业""国家电网有限公司先进集体"等荣誉称号,充分展示了公司始终牢记习近平总书记关于"电等发展"的重要嘱托、践行"人民电业为人民"的企业宗旨、推动构建新型电力系统与共同富裕融合并进的工作成果	所有案例
国网(台州)综合能源服务有限公司	公司成立于 2018 年 9 月,注册资本 1 亿元。主营业务涵盖工业、建筑能效提升、售电、绿电、分布式光伏投资、储能等,通过设备改造、系统优化、智能管控等手段,为商业、建筑、交通、工业、园区等领域提供能源管理的整体解决方案,贯彻国家"双碳"目标,推动全社会降碳减排。公司具有工程设计电力行业(送电工程、变电工程)专业丙级、电力设施许可承装(修、试)类五级资质、安全生产许可证和施工劳务资质。公司内设综合管理部、市场经营部、技术工程部和 9 个区(市/县)事业部,在市场经营部下设售电事业部,2022 年成立路桥分公司。公司成立以来,先后获得"国家电网有限公司工人先锋号"称号、"国网浙江综合能源服务有限公司先进集体""台州供电公司《积极推进实施"4+"综合能源服务工程,市场开拓快速拓展》特殊贡献奖"、2021 年度和 2022 年度"地市综合能源公司年度综合先进"、台州供电公司 2022 年度绩效优胜单位等荣誉	1. 浙江双环传动机械股份有限公司二分厂空压机综合能效提升改造; 2. 浙江铭岛铝业有限公司企业用能管理方案; 3. 仙居党校综合能源服务项目; 4. 黄岩区行政中心能效提升项目; 5. 台州市黄岩区行政中心智慧照明系统改造; 6. 台州玉环坎门船基海产品加工链电能替代项目
国网浙江电力嘉兴市供电公司	公司成立于 1962 年,下辖桐乡、海宁、嘉善、平湖、海盐 5 个县(市)供电公司和南湖、秀洲、滨海 3 个市区供电分公司。公司连续 8 年获得省公司精神文明建设先进单位称号,连续 2 年荣获省公司"卓越管理示范单位",连续 15 年荣获嘉兴市级单位工作目标责任制考核一等奖。出色完成中央政治局常委集体瞻仰南湖红船、历届世界互联网大会保供电工作,得到国家电网董事长和嘉兴市主要领导批示肯定。公司获评第五届全国文明单位、曾获全国"五一劳动奖状"、全国"安康杯"竞赛"连胜杯"、全国电力行业质量特别奖、中央企业先进集体、国家电网先进集体等诸多荣誉。近年来公司获得中国电力科技进步一等奖、中国电力创新一等奖等高水平奖项,2021 年承担实施的一个项目获国家科技进步二等奖,为有史以来最高等级科技奖	海宁正泰新能源离心空压机余热回收项目

续表

单位名称	单位简介	支撑案例
国网（嘉兴）综合能源服务有限公司	公司成立于 2020 年 3 月，主要经营发电、输电、供电业务；检验检测服务；安全生产检验检测；特种设备检验检测服务；电力设施承装、承修、承试；可提供太阳能发电技术服务；风力发电技术服务；生物质能技术服务；热力生产和供应；工程和技术研究和试验发展；工程管理服务；智能输配电及控制设备销售；输配电及控制设备制造；分布式交流充电桩销售；节能管理服务；余热余压余气利用技术研发；互联网销售（除销售需要许可的商品）；软件开发；互联网数据服务；信息技术咨询服务等。公司坚持"以电为核心，以客户为中心"的经营理念，拥有专业的研发、技术团队，为商业、建筑、交通、工业等领域提供能源管理的整体解决方案，开拓绿色制造、能源审计、建筑节能、分布式光伏、储能、三联供等业务	浙江秀舟纸业有限公司生物质气资源梯级利用
国网浙江电力台州市临海市供电有限公司	公司前身为 1951 年 11 月成立的公私合营的临海电气公司，2020 年 8 月"国网浙江省电力有限公司临海市供电公司"正式挂牌运营。现下设 7 个职能部室，4 个业务支撑机构，8 个供电所和 1 家集体企业。2022 年，公司全年固定资产投资 1.63 亿元；售电量 62.33 亿千瓦时、同比增长 6.79%；营业收入 41.74 亿元、同比增长 21.53%，实现利润 978.8 万元。连续 7 年获评临海市年度工作目标责任制考核优秀单位，历史性荣获台州公司2022 年绩效优胜单位、精神文明建设先进单位"双先进"；获得全国"安康杯"竞赛活动优胜单位、浙江省 AAA 级"守合同重信用"企业、浙江省"提升职工生活品质塑造幸福生活环境企业试点"、浙江省企业社会责任最佳实践案例单位、浙江省"青年文明号"、台州市"工人先锋号"等荣誉；斩获应急救援技能竞赛等多项赛事团体、个人奖项	1. 台州临海吉利汽车制造基地空压站云智控节能管理系统改造；2. 台州市本立科技蒸汽余压发电；3. 头门港典型"供电＋能效"服务示范工程；4. 台州港务头门港区绿色能源应用及能源管理
国网浙江电力台州市椒江区供电有限公司	公司成立于 1981 年 7 月，承担着保障椒江清洁、安全、高效、可持续电力供应的重要使命，近年来，公司狠抓电网投入、服务提升、机制革新和品牌铸造，先后获得"全国学雷锋活动示范点""全国文明单位""全国工人先锋号""一星级全国青年文明号""全国巾帼文明岗"等荣誉称号	1. 浙江水晶光电科技股份有限公司离心式空压机系统改造；2. 台州市永丰纸业有限公司冷凝水余热利用；3. 台州市中心医院"碳·数"综合能源托管项目
国网浙江电力台州市温岭市供电有限公司	公司成立于 1970 年 3 月，承担着温岭全市电网的建设、发展、运行、维护和经营管理，为全市经济社会发展和人民生产、生活提供电力供应和服务。多年来公司先后荣获中国企业社会责任管理创新企业、中国企业文化建设峰会"2020 年度企业文化建设优秀企业"、浙江公司"红旗党委"、浙江公司抗击台风"利奇马"先进集体、台州市防台抢险救灾先进集体、浙江省 AAA 级"守合同重信用"企业、中物联全国（第八批）数字化仓库企业试点企业、"创新力·责任管理创新"企业等多项荣誉	1. 富岭科技股份有限公司空压机系统改造；2. 台州温岭松门镇白鲞加工空气源热泵烘干项目
国网浙江电力台州市玉环市供电有限公司	公司成立于 1979 年，承担全市电网规划建设、电力供应调度的责任，为玉环市经济社会发展和人民生活提供电力供应和服务。秉持"人民电业为人民"的企业宗旨，践行"为美好生活充电，为美丽玉环赋能"的公司使命。争当建设具有卓越竞争力的现代能源企业排头兵。多年来公司获得"国一级县级供电企业"、"浙江省文明单位"、浙江电网"抗冰灾光明行动"功臣集体和台州市文明单位、感动台州十大人物先进集体等多项荣誉。	1. 浙江双环传动机械股份有限公司二分厂空压机综合能效提升改造；2. 台州玉环坎门船基海产品加工链能替代项目；3. 浙江玉汽运输集团有限公司纯电动典型案例

单位名称	单位简介	支撑案例
国网浙江电力台州市仙居县供电有限公司	公司成立于1983年，是国家电网公司大型重点供电企业，承担着仙居清洁、安全、高效、可持续电力供应的重要使命，供电营业范围涉及17个乡镇、3个街道，311个行政村，供电面积2000km²。先后荣获省级文明单位、省级卫生先进单位、"全国模范职工之家"、浙江省电力公司新农村电气化县建设先进单位、台州市"模范集体"等荣誉称号	1. 浙江金晟环保股份有限公司燃气导热油炉富氧燃烧节能改造； 2. 仙居政府大楼智控平台建设； 3. 仙居党校综合能源服务项目
国网浙江电力台州市路桥区供电有限公司	公司始建于1995年，现下设10个职能部室，5个供电所。公司在册全民职工245人，农电用工147人。近年来，公司认真履行社会责任，先后荣获"全国巾帼文明岗""全国带电作业优秀班组""国家电网公司变电运维先进班组"、台州市"营商环境建设先进集体"、浙江省AAA级"守合同重信用"企业等称号；公司员工5人荣获浙江省劳动模范称号，1人荣获"浙江工匠"称号	浙江铭岛铝业有限公司企业用能管理方案
国网浙江电力台州市三门县供电有限公司	公司成立于1978年8月，设有7个职能部室、3个业务支撑机构、5家供电所和1家产业单位，多年来先后获得全国模范职工之家、全国电力行业用户满意企业、浙江省文明单位、蝉联浙江省模范集体、浙江省"群众满意基层站所"创建先进单位、浙江省心灵港湾工作坊示范点、台州市"实干论英雄"先进集体、台州市五星级职工文化俱乐部等荣誉，公司党委获评国网浙江省电力有限公司先进基层党组织等称号	梅银连海水养殖场智慧+渔光互补系统建设
国网浙江电力台州市黄岩区供电有限公司	公司成立于1963年5月，作为基础性和公用性企业，担负着为黄岩经济发展和社会进步服务的重要责任。多年来公司先后获得了"全国厂务公开民主管理工作先进单位""浙江省思想政治工作优秀单位""浙江省消费者信得过单位""浙江省卫生先进单位""浙江省示范数字档案室""浙江省电力学会用电专委会2021年度先进集体"等多项荣誉	1. 台州黄岩北洋镇现代农业生产基地电能替代项目； 2. 黄岩区行政中心能效提升项目； 3. 台州市黄岩区行政中心智慧照明系统改造
浙江智慧信息产业有限公司	公司由台州市政府控股，中国电信、国家电网公司参股成立，是一家主营云、物联网、大数据、信创、节能减碳等业务的国有信息化平台公司。拥有台州市高标准、大规模、设施完善的云计算基地。公司以"树品牌、出产品"为主基调，坚定不移聚焦主责主业，坚持"12345"的发展思路，以成为台州首家软件信息服务业的上市企业为总目标，围绕"云、网、用"，深耕"数字政府、数字经济、数字社会"，聚焦企业、楼宇、园区、市场等场景，把数智用能（碳）管理平台与实践相结合，以"可视、可比、可管、可控、可省"为原则，解决目前各类用户在绿色转型过程中遇到的困难，该方案已在台州内推广，包括10个工业企业、公共机构楼宇、园区管理中，受到政府及企业用户的认可	头门港典型"供电+能效"服务示范工程